코딩으로
세상을
바꿀 수
있다면

코딩으로 세상을 바꿀 수 있다면

내 곁의 IT 기술을 이해하고 활용하기 위해 알아야 할 기초 교양

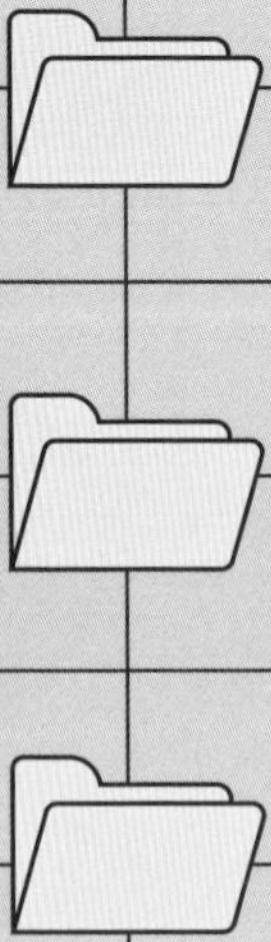

코딩은 모두를 위한 것입니다

저는 코딩을 대학에 입학한 후 전공 수업에서 처음 배우기 시작했습니다. 그때 살면서 처음으로 '헬로 월드(Hello World)'를 출력하는 프로그램을 만들었지요. 프로그래밍 언어를 배울 때 화면에 메시지를 출력하는 법을 초반에 학습하는데, 이때 자주 등장하는 예문이 '헬로 월드'거든요. 그래서 새로운 언어를 배우기 시작했다는 뜻으로 "헬로 월드를 출력했다."라고 말하기도 해요.

스무 살 무렵에 처음 출력문을 배운 저와 달리, 같은 학년으로 입학한 친구들 가운데는 초등학생 시절부터 코딩을 시작해 경력이 벌써 10년이 되는 사람도 있었습니다. 그런 친구들은 신기하리만치 뚝딱뚝딱 프로그램을 만들어 내곤 했어요. 아직 코드가 낯선 저와는 완전히 다른 사람들 같았지요. 하지만 지금은 저도 코드를 마주하는 일이 낯설지 않고, 때론 답답하기도 하고 어렵기도 하지만 종종 흥미를 느끼며 코딩을 하는, 코딩을 직업으로 삼은 사람이 되었지요.

저처럼 코딩이 적성과 취향에 적당히 맞는 경우가 있는가 하면, 어떤 사람은 코딩이 영 재미도 없고 어렵게만 느껴지기도 하고, 어떤 사람은 너무 재밌어서 깊이 빠져들기도 합니다. 내가 어떤 경우에 속할지는 직접 해 보지 않으면 알 수 없지요.

저는 어릴 때부터 축구를 좋아했습니다. 보는 것보다 하는 것을 좋아했지요. 초등학생 때는 수업이 끝나면 집으로 달려가 신발도 벗지 않은 채 현관에 책가방만 내려놓고 공을 들고 다시 나왔어요. 그렇게 곧잘 친구들이랑 어울려 공을 차고 놀았는데, 중학교에 입학한 후로는 운동장에 제 자리가 없다고 느꼈습니다. 운동장에서 공을 차는 사람은 대부분 남학생이었어요. 고등학생 때는 점심시간에 운동장 주위를 산책하다가 남학생들의 경기에서 굴러온 공을 패스해 준 것 정도가 공을 차는 시간의 전부였지요.

그런데 얼마 전부터 다시 운동장에 나가고 있습니다. 좋은 친구들과 함께 안전한 분위기 속에서 서로를 응원하며 풋살을 하고 있어요. 여럿이 팀을 이루어 함께 발맞추는 운동이다 보니 다른 데에선 쉽게 얻을 수 없는 에너지를 나누게 됩니다. '함께

하는 공놀이가 이렇게나 소중하고 멋진 거였구나.' 하고 새삼 느꼈습니다. 한동안 이 즐거움을 잊고 살았던 게 서운할 만큼 좋았어요. 처음 풋살을 해 본 저의 친구는 "이렇게 재미있는 것을 여태 모르고 살았다니!"라며 탄식하기도 했답니다. 이런 아쉬움을 다른 어린이들도 겪을 수 있다고 생각하면 속상한 마음이 들어요. 축구뿐 아니라 다른 영역에서도 이런 일이 생길 수 있다는 사실이 무척 염려됩니다.

코딩은 모두를 위한 기술이라고 생각합니다. 누구나 코드를 직접 작성할 수 있고, 또 누구나 코드로 만들어진 프로그램을 사용할 수 있어요. 생각보다 더 가까이에 있고, 생각보다 더 도전해 볼 만한 것이 코딩입니다. 직접 해 보고 마음에 들지 않으면 그만이고, 마음에 들면 조금 더 해 봐도 되지요. 다만 고정관념이나 사회의 편견 혹은 특정한 조건 때문에 자신의 재능이나 재미를 발견하지 못하고 지나치는 아쉬운 상황이 생기지는 않았으면 해요.

그리고 꼭 개발자가 되는 것을 목표로 코딩을 배울 필요는 없습니다. 코딩을 익혀 두면 일상생활이나 자신이 하는 일에서 유용하게 쓰게 되는 순간도 있을 거예요. 하지만 그마저도 적성에 맞지 않으면 하지 않아도 됩니다. 다른 방법으로 문제를 해결할 수 있을 테니까요. 인기 많고 주목받는 IT 기술이라고 해서 최고의 기술이거나 완벽한 기술인 것은 아니거든요.

그럼에도 기술에 대한 지식은 (다른 분야의 지식과 마찬가지로) 당장은 쓸모가 없어 보이더라도 알게 모르게 도움이 될 겁니다. 무엇보다 오늘날 코딩은 광범위하게 활용되고 있습니다. 세상의 변화에 코딩이 어떤 역할을 하는지 이해한다면, 우리가 살아가는 세상에 대한 이해가 더 깊어지고 나아가 내가 원하는 세상을 만들어 나가는 데에도 도움이 될 거예요. 코딩은 모두를 위한 기술이라는 사실을 떠올리며, 주저하지 말고 편안한 마음으로 IT 기술에 다가간다면 좋겠습니다. 그 걸음에 이 책이 작게나마 도움이 될 수 있다면 더할 나위 없겠네요. 만약 책을 읽다가 조금 지루하거나 어렵게 느껴지는 부분이 있다면 살짝 건너뛰고 궁금한 부분을 먼저 읽어도 괜찮다는 응원을 전하고 싶습니다.

그리고 만일 코드의 세계에 한 발짝 더 들어가 볼 마음이 생겼다면, 코드가 늘 사회와 상호작용한다는 점을 기억하고 코드와 함께 살아가는 사람들의 모습을 다양한 관점에서 떠올려 보기를 바랍니다. 여러분이 상상하고 고민하는 시간이 쌓일수록 기술에 의한 차별은 줄어들고 세상에 존재하는 문제들도 프로그램을 통해 하나둘 해결해 나갈 수 있을 거예요. 구석구석을 바라보는 호기심을 바탕으로 '모두를 위한 프로그램'을 만들어 가는 개발자가 더욱 많아지기를 기대합니다.

멋진 기획을 제안해 준 휴머니스트 편집부, 책에 활기를 불어넣어 준 디자이너 님과 졸리지스튜디오, 원고를 직접 읽고 정성껏 의견을 들려준 소중한 분들, 그리고 여러 번의 마감을 든든하게 기다려 주고 좋은 책을 만들고자 끊임없이 용기를 건네준 우주 최고의 편집자 여경 님께 감사드립니다. 끝으로 항상 제가 건강하고 즐거운 삶을 꾸려 나갈 수 있도록 응원해 주는 가족 및 친구들에게 무한한 감사와 사랑을 전합니다.

차례

3 코드의 세계로 초대합니다

4 프로그래밍의 발전

5 프로그래밍 언어와 글쓰기

9 코드로 세상 바라보기

1

프로그램은 어떻게 우리 삶에 등장했을까?

일상 곳곳에 스며든 프로그램

'프로그램'이라고 하면 무엇이 떠오르나요? 저는 가장 먼저 핸드폰과 컴퓨터 속 프로그램들이 떠오르네요. 핸드폰으로 친구들과 메시지를 주고받거나 컴퓨터로 수업을 듣고 게임을 하는 것 모두 프로그램을 동작시키는 일입니다. 우리는 프로그램의 세계에 살고 있다고 해도 과언이 아닐 만큼 수많은 프로그램에 둘러싸여 있습니다.

집 안을 한번 둘러볼까요? 요즘은 핸드폰, 컴퓨터뿐 아니라 TV, 냉장고, 세탁기 등 가전제품에도 프로그램이 내장되어 있지요. 거실의 커튼을 사람의 말로 움직이기도 하고, 깜빡 잊고 켜 둔 방의 조명을 집 밖에서 끄기도 합니다. 이렇게 커튼, 조명 등이 우리가 의도하는 대로 움직일 수 있는 것은 모두 프로그램

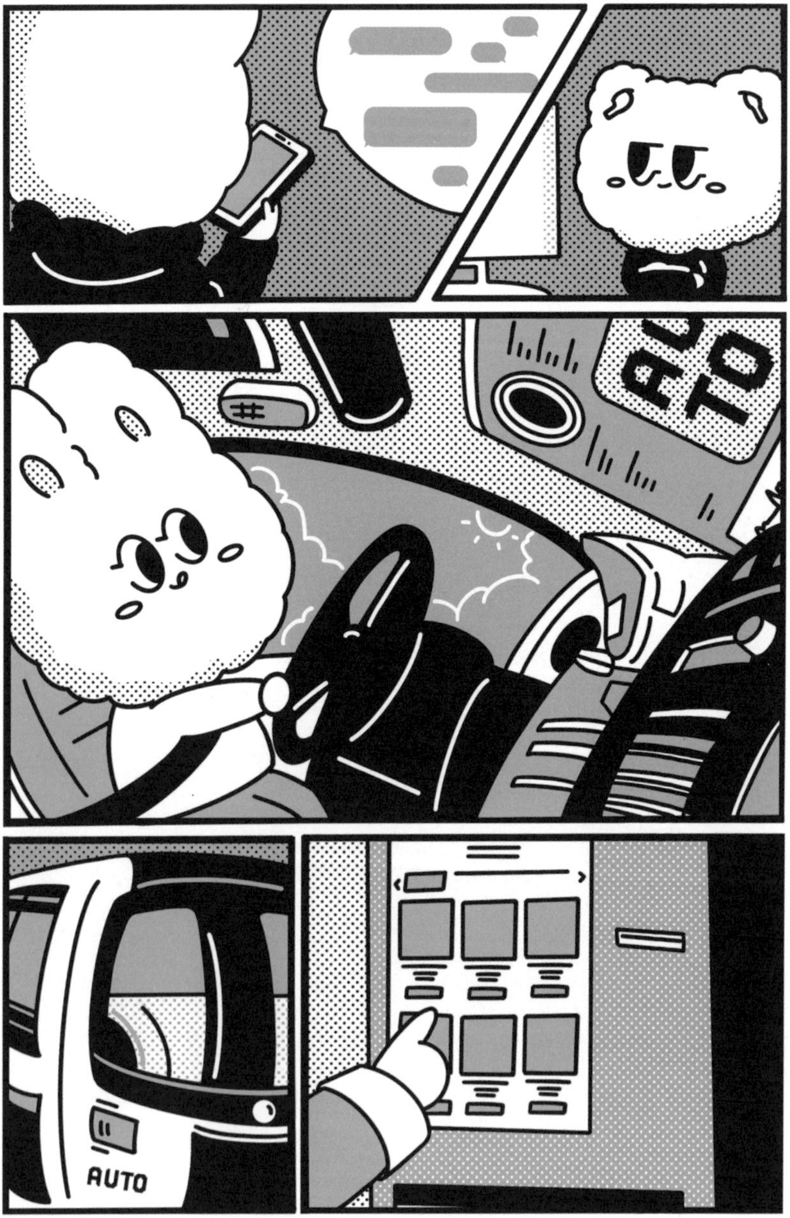
AUTO
AUTO

덕분입니다.

이번엔 거리를 떠올려 볼까요? 자동차에 탑재된 충돌 방지 시스템이나 주차 보조 프로그램이 운전자가 수월하고 안전하게 운전할 수 있도록 돕기도 하고, 심지어 기관사 없이 무인으로, 즉 컴퓨터 프로그램으로 열차가 운행되기도 합니다. 건물의 엘리베이터는 효율적인 동선을 알아서 찾아 운행하고 식당에서는 직원 대신 키오스크 기계가 메뉴 주문을 받고 있네요.

일상생활뿐 아니라 주식 거래, 해양 연구, 우주 연구 등 다양한 산업과 연구의 발전이 프로그램의 발전과 더불어 이루어지고 있습니다.

이때 프로그램이란 '컴퓨터가 어떤 문제를 해결할 수 있도록 그 처리 방법과 순서를 써 놓은 명령문'이라고 할 수 있어요. 예를 들어 사람의 음성에 따라 작동하는 커튼은 일반 커튼과 달리 커튼을 움직일 수 있는 프로그램이 내장되어 있을 거예요. 사람의 말을 인식하고, 인식한 소리를 분석해서 어떤 말인지 판단하고, 판단한 내용에 따라 적절하게 커튼을 움직이는 프로그램이겠지요.

예전에는 기계의 힘을 빌려 사람의 손으로 하던 일들이 이제는 눈에 보이지 않는 프로그램을 통해 자동으로 이루어지곤 합니다. 나아가 인공지능의 발전으로 우리가 이전에는 상상하지 못했던 혹은 상상만 하던 일들이 현실에서 이루어지고 있어요.

우리의 생활에 이토록 큰 변화를 가져온 프로그램은 어떻게 탄생했을까요? 세계 최초의 프로그램을 만든, 세계 최초의 프로그래머는 누구일까요?

혹시 이 책을 읽고 있는 여러분 중에 '나는 수학과 과학을 못하니까' 혹은 '나는 여자니까' 등 어떠한 이유에서건 프로그래밍에 자신이 없거나 개발자가 될 수 없을 거라 생각한 사람이 있다면 지금부터 들려드리는 이야기에 귀 기울여 주세요. 역사 속 멋진 개발자들의 이야기에서 새로운 해답과 통찰을 얻을 수도 있고, 어쩌면 든든한 선배를 만날 수도 있으니까요.

최초의 프로그래머, 에이다 러브레이스

1830년대 초, 런던의 한 살롱에서 파티가 열렸습니다. 당대 유명한 학자이자 케임브리지대학의 교수인 찰스 배비지(Charles Babbage)가 귀족들을 불러 모아 차분기관이라는 자동 계산기의 일부를 보여 주고 설명하는 자리였어요. 당시 유럽에서는 문학, 학문과 관련된 새로운 소식을 나누고 예술을 즐기는 사교 모임이 열리곤 했지요.

에이다 러브레이스의 초상

배비지의 차분기관은 증기로 움직이는 덩치 큰 기계였는데 살롱에 모인 사람들의 관심을 사기는 했지만 이 기계가 어떤 원리로 작동하는지 정말로 이해한 사람은 드물었습니다. 하지만 이 기계의 아름다움을 알아본 사람이 있었지요. 바로 열일곱 살의 에이다 러브레이스(Ada Lovelace)였습니다.

러브레이스는 영국의 유명한 낭만파 시인 조지 고든 바이런과 상당한 부와 권력을 가진 귀족 집안의 앤 이저벨라 밀뱅크 사이에서 태어났습니다. 바이런의 방탕한 기질 때문에 어머니 앤은 러브레이스를 데리고 바이런을 떠나게 되었고, 러브레이스가 바이런의 감정적 성향을 닮을까 경계했던 앤은 러브레이스가 네 살일 때부터 수학과 과학을 집중적으로 배우도록 했어요. 여자가 교육받는 것이 흔하지 않은 시절이었지만, 귀족 집안에서 자란 러브레이스는 당대 최고의 학자들에게 교육을 받을 수 있었지요. 그렇게 수학과 과학 공부에 전념하던 러브레이스가 어머니와 함께 런던의 그 파티에 참석하게 된 것이었어요.

그곳에서 러브레이스는 증기로 움직이는 계산기인 차분기관을 보았고 큰 흥미를 느꼈어요. 그리고 이내 기계의 원리를 정확하게 이해하게 됩니다. 배비지는 러브레이스가 그 누구보다 차분기관과 자신의 연구를 잘 이해하는 사람이라는 사실을 알아차렸고, 이날 이후 배비지와 러브레이스는 수학과 발명에 관

찰스 배비지가 1847~1849년에 디자인한 차분기관 제2번(2.1m×3.4m×0.5m).
배비지 탄생 200주년을 맞아 1991년 런던과학박물관에서
배비지의 설계도에 따라 만든 것이다.

차분기관 세부
(QR코드의 영상을 통해
차분기관이 작동하는
방식을 볼 수 있다.)

해 토론하는 동료이자 친구가 되었지요.

이후 배비지는 사실상 복잡한 덧셈 기계에 불과했던 차분기관을 넘어, 수가 아닌 추상 기호를 저장해 범용적 계산을 할 수 있는 증기기계인 해석기관을 고안하게 됩니다. 러브레이스는 이번에도 그 누구보다 해석기관을 잘 이해하고 그 구현된 모습을 정확하게 상상했어요. 배비지가 러브레이스를 '자신보다 해석기관을 더 잘 설명할 수 있는 유일한 사람'이라 말할 정도였답니다.

컴퓨터의 조상, 해석기관

배비지가 고안한 해석기관은 범용적 계산이 가능한, 증기로 움직이는 기계였습니다. 각종 기능이 딸린 전자계산기를 쉽게 구할 수 있는 지금으로서는 이렇게 거대하고 복잡한 계산기가 대단한 발명품이라는 사실이 선뜻 이해가 안 갈 거예요. 그러나 오랫동안 세상에 계산용 도구라고는 주판뿐이었고, 계산기의 발명은 무척이나 어려운 일이었습니다. 단지 두 수를 더하고 빼는 계산만 가능한 블레즈 파스칼의 기계식 수동 계산기가 획기적인 발명품으로 여겨질 정도였으니까요.

배비지는 계산을 위해 함수의 수치들을 미리 계산해 적어 놓는 수표(數表)에도 관심이 많았고, 나아가 사람이 해야 하는 복잡한 계산을 도와줄 기계를 만들고 싶었습니다. 몇 차례 발명을 거듭한 끝에 배비지는 이윽고 곱셈, 나눗셈, 덧셈, 뺄셈이 모두 가능한 해석기관을 설계하게 됩니다.

이 해석기관은 전기 신호가 아니라 증기로 움직인다는 점에서 지금의 컴퓨터와는 작동 원리부터 다른 기계이지만, 컴퓨터와 유사한 개념이 이때 등장하게 됩니다.

찰스 배비지의 아들 헨리 배비지가 만든 해석기관의 일부
(1,870mm×740mm×660mm)

배비지의 설계에 따르면, 해석기관은 50자리의 수를 1,000개 저장할 수 있는 스토어(store)라는 기억장치가 있으며 밀(mill)이라 불리는, 오늘날 컴퓨터의 중앙처리장치(CPU)처럼 연산 처리를 수행하는 장치도 있었습니다. 입력과 출력 또한 다양한 방식으로 가능하도록 설계되었지요. 현대 디지털 컴퓨터의 기본 원리인 '입력-저장-처리-출력'의 과정이 100년도 더 전에 고안되어 있었던 것입니다.

수백 페이지에 달하는 해석기관의 설계도는 완성되었지만, 거대한 기계를 실제로 제작하기 위해서는 많은 돈과 공학 기술이 필요했기 때문에 안타깝게도 실제로 만들어지지는 못했습니다. 그러나 배비지의 해석기관이 훗날 디지털 컴퓨터를 연구하고 개발한 사람들에게 상당한 영감을 주었다는 점은 분명합니다. 그리고 러브레이스는 물리적인 해석기관이 아직 만들어지지 않았음에도 해석기관에 쓰일 프로그램을 남기며 새로운 역사를 썼지요.

세계 최초의 프로그램

우리는 컴퓨터, 마우스, 핸드폰, 프린터 등 다양한 크기와 모양을 가진 기계를 주위에서 손쉽게 볼 수 있습니다. 이처럼 손으로 만질 수 있는 기계의 물리적인 부분을 하드웨어라고 불러요. 한편 손에 잡히지는 않지만 하드웨어를 움직이는 명령어의 모음인 프로그램 또는 애플리케이션 등을 소프트웨어라고 하지요. 오늘날 우리는 하드웨어와 소프트웨어를 어렵지 않게 구분할 수 있습니다.

그러나 배비지가 차분기관과 해석기관을 고안하고 연구할 당시는 전기 신호를 사용하는 전자 기기가 아직 탄생하지 않은, 물리적인 기계의 시대였습니다. 이 때문에 하드웨어와 소프트웨어의 개념이 지금과 같이 당연하게 여겨지지 않았을 텐데요. 그런 상황에서 러브레이스가 하드웨어와 소프트웨어의 개념을 어떻게 구분했는지는 정확히 알 수 없지만, 러브레이스는 놀랍게도 해석기관이 만들어지기도 전에 해석기관에서 동작할 수 있는 프로그램을 먼저 고안합니다. 그것이 바로 세계 최초의 프로그램입니다.

해석기관 제작비를 구하던 배비지는 이탈리아의 토리노대학에서 해석기관에 대해 강의를 하게 됩니다. 영국 정부의 지원을 받는 것이 어려워 보이자 다른 나라에서 투자받고자 한 것이지요. 그리고 그 강의를 들은 이탈리아의 한 수학자가 〈해석 기계에 대한 개념〉이라는 논문을 작성해 스위스의 한 학술지에 발표합니다. 어찌 보면 이 논문은 해석기관에 대한, 프랑스어로 적힌 상세한 소감문과 같았는데요. 러브레이스는 이 논문에 흥미를 느껴 영어로 번역했을 뿐 아니라, 논문의 실수를 발견하고 수정하기도 합니다.

러브레이스가 수정하고 번역한 논문을 받아 본 배비지는 러브레이스에게 논문의 주석을 작성하는 작업을 권합니다. 러브레이스는 이 제안을 받아들여 논문의 세 배가량 되는 주석을 작성합니다. 그 주석 중 하나가 베르누이 수를 구하는 명령문 모음입니다. 베르누이 수는 수학자 야코프 베르누이에 의해 발견된 수열로, 수학의 여러 공식에 등장하는 유리수 수열이에요.

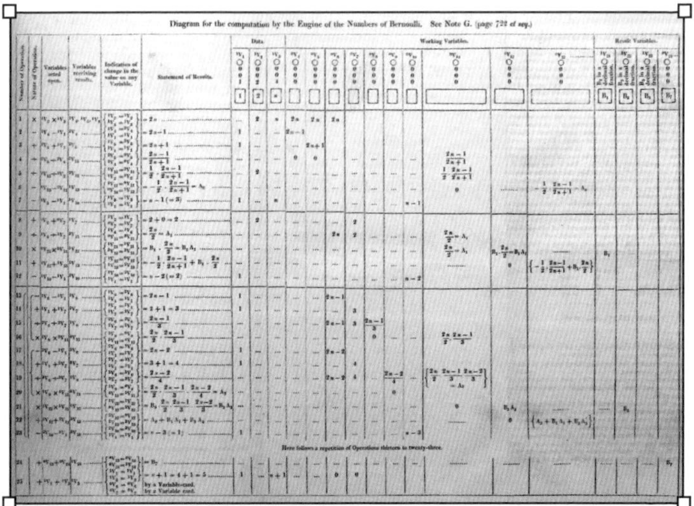
Diagram for the computation by the Engine of the Numbers of Bernoulli. See Note G. (page 722 et seq.)

Here follows a repetition of Operations thirteen to twenty-three.

베르누이 수를 계산하기 위한 해석기관 프로그램

러브레이스는 해석기관이 특정한 계산 과정을 반복할 수 있고 조건에 따라 다음 단계를 선택할 수 있다는 점에 주목했습니다. 따라서 베르누이 수처럼 특정한 규칙을 따르는 수의 나열을 해석기관으로 충분히 계산할 수 있다고 판단했고, 계산 과정을 위한 명령어를 도표로 그려 주석으로 작성했어요.

바로 이렇게 작성된 러브레이스의 명령어 모음이 베르누이 수를 구하는 알고리즘으로서 세계 최초의 프로그램으로 인정받게 됩니다. 또한 이 프로그램에 등장한 반복, 조건 등의 원리가 오늘날의 프로그래밍에도 유효한 원리로 적용되고 있습니다.

해석기관이 실제로 만들어지지는 못했기에 러브레이스가 살아 있을 때 이 프로그램을 동작해 볼 수는 없었어요. 하지만 훗날 러브레이스의 프로그램이 오류 없이 베르누이 수를 구할 수 있다는 실험 결과가 나왔답니다.

컴퓨터, 숫자를 넘어 세상을 표현하다

러브레이스는 해석기관이 베르누이 수를 구할 수 있을 뿐 아니라 그것 말고도 무궁무진한 능력을 갖고 있다고 생각했습니다. 배비지는 복잡한 계산을 위해 해석기관을 설계하고 사용하려 했던 것이지만, 러브레이스는 그 이상을 상상하고 있었어요.

러브레이스는 "자카르직기(무늬 있는 천을 짤 때 쓰는 기계)가 꽃과 잎을 짜듯이 해석기관은 대수적 패턴을 짠다."[1]라고 말하며 해석기관이 얼마나 큰 잠재력을 가졌는지 공유하고 싶었지요. 영국의 유명한 수학자 드모르간의 제자이기도 했던 러브레이스는 문자, 음표와 같은 정보를 숫자와 기호로 표현한다면 해석기관이 단순한 수의 계산뿐 아니라 더 놀라운 일도 해낼 수 있다고 믿었습니다. 바로 오늘날의 컴퓨터처럼 말이에요.

현재 우리는 컴퓨터에 글, 음악, 사진, 동영상, 게임 등 많은 정보를 저장합니다. 컴퓨터는 다양한 데이터를 파일의 형태로 저장해 주지요. 이때 각 파일은 모두 0과 1로 이루어져 있습니다. 컴퓨터가 인식하는 이 숫자를 '비트(bit)'라고 하지요. 비트 여덟 개가 모여 '바이트(byte)' 한 개가 되고, 이러한 단위로 파일 크기를 나타냅니다. 우리에게 문자, 이미지, 영상 등으로 보이는 그것을 컴퓨터는 오로지 0과 1의 조합으로 인식하고 저장합니다.

이렇게 0과 1만으로 표현된 수를 이진수, 이렇게 수를 표현하는 방법을 이진법이라 합니다. 우리가 살아가는 현실 세계에서는 0부터 9까지 총 열 개 숫자로 수를 표현하고 있지요? 이를 십진법이라고 합니다. 즉 우리는 십진법의 세계에서 살고, 컴퓨터는 이진법의 세계에서 사는 것이지요.

한편 코드를 작성하는 개발자들은 가끔 16진법의 세계에서 살기도 합니다. 사실 이진수로 수를 표현하면 자릿수도 길어지고 연속된 숫자가 많아 프로그램을 만들 때 실수하기 쉽습니다. 그래서 0에서 9까지의 열 개 숫자와 A에서 F까지의 여섯 개 알파벳으로 수를 표현하는 16진법을 사용해요.

왜 우리에게 익숙한 십진법이 아니라 16진법을 사용하느냐고요? 네 자리의 이진수는 정확히 한 자리의 16진수로 표현할 수 있기 때문입니다. 즉 이진수를 십진수로 바꾸는 것보다 이진

십진수	이진수	16진수
1	0001	1
2	0010	2
3	0011	3
4	0100	4
...	...	...
9	1001	9
10	1010	A
11	1011	B
...	...	...
14	1110	E
15	1111	F
30	00011110	1E
241	11100001	E1

십진수 30에 해당하는 이진수 00011110를 16진수로 바꿀 때, 앞 네 자리 0001은 16진수 1로, 뒷 네 자리 1110은 16진수 E로 각각 호환되어 최종적으로 1E로 표기할 수 있다. 이처럼 이진수를 16진수로 표현하면 길이가 4배 짧아지고, 0과 1이 반복되는 이진수에 비해 구분이 잘되어 실수가 줄어든다.

수를 16진수로 호환하는 것이 한눈에 알아보기에 더 편리하거든요.

그럼 0과 1만 사용하는 컴퓨터는 어떻게 우리에게 문자와 이미지 등을 보여 줄 수 있는 것일까요? 먼저 문자의 경우, 몇몇

기관에서 각 문자를 어떻게 표현할지 약속을 정해 두었습니다. 대표적으로 아스키코드(ASCII code)와 유니코드(unicode)가 있지요. 아스키코드는 미국표준협회(ANSI)에서 제정한 문자 코드입니다. 영문자, 숫자, 기호 등을 나타내는 데 7비트를, 데이터를 전송할 때 오류가 있는지 확인하는 용도로 1비트를 사용합니다. 그래서 하나의 문자에 8비트가 사용되지요.

하지만 7비트는 전 세계 모든 나라의 문자를 표현하기에는 너무 작은 공간이었습니다. 그래서 영문자뿐 아니라 각국의 문자를 표현하고자 유니코드라는 국제 표준 코드가 탄생했지요. 유니코드는 알파벳뿐 아니라 한글과 한자 등 여러 나라의 문자와 이모티콘을 고유한 코드로 약속하고 있습니다.

유니코드는 아스키코드와 달리 이진수로 바로 약속하지 않고, 문자당 고유한 코드 포인트(code point)라는 것을 사용합니다.

문자	아스키코드 (16진수)	유니코드 (코드 포인트)	유니코드 (16진수 UTF-16)	유니코드 (16진수 UTF-8)
A	41	U+0041	41	41
!	21	U+0021	21	21
가	(없음)	U+AC00	AC00	EA8080
😃	(없음)	U+1F603	D83DDE03	F09F9883

한글과 이모티콘은 아스키코드로 표현할 수 없으며,
유니코드의 경우 인코딩 방식에 따라 다른 값으로 표현된다.

예를 들어 알파벳 A는 'U+'를 코드 앞에 붙여 'U+0041'과 같이 나타냅니다. 그리고 이러한 코드 포인트를 0과 1의 이진수로 변환하는 인코딩(encoding) 과정을 거쳐 사용해요. 인코딩은 UCS-2, UCS-4, UTF-8, UTF-16 등 다양한 방식이 존재하며, 동일한 코드 포인트라도 인코딩 방식에 따라 다른 값으로 표현됩니다. 인코딩 방식이 다양한 이유는 인코딩 방식마다 데이터 저장 공간과 호환성 등 장단점이 다르기 때문이에요.

그럼 이미지는 어떻게 표현할까요? 하나의 사진을 아주 작은 영역을 의미하는 픽셀 단위로 나누고, 각 픽셀이 어떤 색을 얼마나 가졌는지 미리 약속한 수로 표현할 수 있습니다.

흑백 사진을 예로 들어 볼까요? 일단 0을 검은색, 255를 흰색으로 약속해 봅시다. 이렇게 하면 1에서 254까지는 회색을 의미하고, 0에 가까울수록 검은색에 가까운 회색, 255에 가까울수록 흰색에 가까운 회색이 될 거예요. 그렇다면 특정 픽셀의 색을 0에서 255 중 하나의 수로 표현할 수 있을 테고, 그 수를 다시 이진수로 바꾸어 저장할 수 있겠지요. 그럼 컴퓨터는 0과 1만으로 이루어진 하나의 사진을 저장하게 되는 겁니다. 컴퓨터가 우리에게 사진을 보여 줄 때는 위 과정을 거꾸로 진행하면 됩니다. 이진수로 저장되었던 픽셀의 값을 0에서 255 사이의 수로 바꾸고, 이 수를 약속에 따라 알맞은 색으로 칠하는 것이지요.

흑백 이미지를 컴퓨터가 저장하는 방법

컬러 이미지의 경우에는 빛의 삼원색인 빨강, 초록, 파랑 세 가지의 층으로 구분해 저장합니다. 이렇게 세 개로 나누는 그 층을 '채널'이라고 불러요. 빨강, 초록, 파랑 채널에서 각 색이 얼마나 진한지에 따라 0에서 255 사이의 수로 표현하고, 세 채널의 값을 취합해 한 픽셀의 색을 나타냅니다. 그리고 이렇게 만든 이미지를 모으면 동영상 저장도 가능해집니다.

현재의 디지털 세계에서는 이와 같은 방식으로 숫자뿐 아니라 다양한 데이터를 다룹니다. 그 덕분에 우리는 핸드폰으로 친구들과 연락을 하거나 사진을 주고받을 수도 있고, 게임을 하

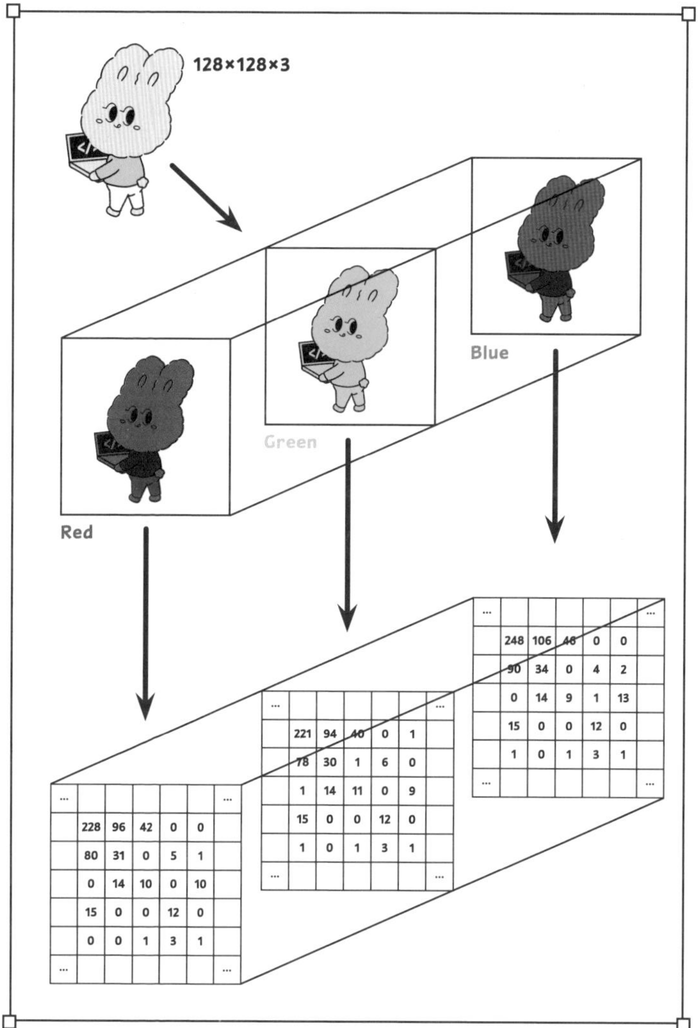

컬러 이미지를 컴퓨터가 저장하는 방법

거나 동영상도 볼 수 있어요.

지금 우리에겐 당연하게 여겨지는 것들이지만, 러브레이스는 컴퓨터가 발명되기 훨씬 전부터 이러한 특성을 상상했습니다. 러브레이스는 기계가 인간처럼 새로운 것을 창조하기는 어려울지라도, 작곡이나 그림 그리기 같은 일도 할 수 있으리라 생각했습니다. 당시에는 놀랍고 획기적인 의견이었지만, 오늘날에는 그때 러브레이스가 예견한 대로 컴퓨터가 다양한 일들을 해내고 있지요. 러브레이스의 통찰력에 반할 수 밖에요.

비록 러브레이스가 살아 있을 때는 러브레이스의 생각이 실현되지 못했지만, 후대 사람들은 러브레이스의 연구에 영향을 많이 받았고 다양한 방식으로 러브레이스의 업적을 기렸습니다. 실제로 현대 컴퓨터 개발의 시조라고 할 수 있는 앨런 튜링은 러브레이스에게 많은 영감을 얻었다고 밝혔습니다.[2] 미국 국방성에서는 프로그래밍 언어를 공모해 만든 표준 언어에 러브레이스의 이름을 따 '에이다(Ada)'라고 이름 붙이기도 했고, 현재 유통되고 있는 암호화폐 'ADA'도 러브레이스의 이름에서 가져왔다고 해요. 또한 영국컴퓨터협회(British Computer Society)는 매년 컴퓨터의 발전에 이바지한 인물을 선정해 '러브레이스 메달'을 수여하고 있지요.

그리고 최근에는 창의력과 예술성의 관점에서 인공지능을

평가하는 '러브레이스 테스트'가 고안되기도 했습니다. 수학·과학 분야에서 러브에이스가 보여 준 천재성과 언어적 전달력, 그리고 풍부한 상상력과 통찰력은 170년이 지난 지금까지도 우리에게 큰 감명과 깊은 영감을 주고 있습니다.

IT 기업에 근무하는 사람, 그중에서도 특히 개발 직군에서 일하는 사람은 여성보다 남성이 많은데요. 그 때문인지 개발자라고 하면 흔히 남성을 떠올리고, 컴퓨터나 코딩에 대한 교육도 남자아이에게 주로 권하는 경향이 있습니다. 하지만 앞서 살펴보았듯 프로그래밍의 탄생에는 에이다 러브레이스가 있었고, 이후 프로그래밍 발전의 역사에서 수많은 빛나는 순간들에 훌륭한 여성 개발자와 코더가 있었답니다. 이들을 소개하고 싶은 마음을 잠시 진정시키고, 우선은 프로그램을 누가 어떻게 만드는지, 프로그래밍이 무엇인지 그것부터 차근차근 이야기해 보겠습니다.

2

프로그램은 어떻게 만들어질까?

프로그램을 혼자 만들 수 있을까?

혹시 좋아하는 유튜버가 있나요? 우리가 즐겨 보는 유튜브 영상 하나가 만들어지기까지 어떤 과정이 필요한지 한번 생각해 봅시다. 우선 어떤 영상을 만들지 고민하고 주제와 등장인물을 정해 영상을 촬영해야겠지요. 그리고 촬영한 내용을 편집해 유튜브 사이트에 올릴 영상을 완성해야 합니다. 이 모든 일을 혼자 할 수도 있고 여럿이 함께할 수도 있겠지요.

영화나 드라마 제작도 크게는 비슷한 과정을 거칩니다. 작가가 극본을 쓰고, 배우가 연기를 하고, 촬영 감독이 카메라로 배우와 풍경을 촬영하지요. 이때 작가나 배우, 감독은 동일 인물일 수도 있지만 모두 다른 사람일 수도 있습니다. 그러나 대체로 여러 사람이 함께 하나의 작품을 만들지요. 특히 사람이 많이 등장하는 장면이 필요하거나 만들고자 하는 영상의 길이가 길다면 촬영의 규모가 커질 테니 한 명이 모든 일을 도맡아 하기는 어렵겠지요.

그렇다면 우리가 스마트폰을 통해 일상을 공유하고 친구들과 대화할 수 있도록 도와주는 인스타그램 같은 프로그램은 어떻게 만들어질까요? 출연진이나 작가가 필요한 일이 아니니까 혼자 간단하게 뚝딱 만들 수 있을까요? 아마 혼자서 하나의 프로그램을 만드는 경우도 있지만, 대체로 여럿이서 만들 거예요. 작은 화면을 가진 모바일 장치에서 동작하는 애플리케이션이라 하더라도 하나의 프로그램을 만들기까지 다양한 일이 필요하기 때문입니다. 프로젝트의 규모가 크거나 각 단계마다 전문성이 필요하거나 시간이 촉박한 경우 등 여러 가지 이유로 많은 사람이 함께 하나의 프로그램을 만드는 경우가 대부분이랍니다.

그럼 이제부터 어떤 사람들이 어떤 과정을 거쳐 새로운 프로그램을 만드는지 한 단계씩 자세히 살펴봅시다.

무슨 프로그램을 만들까?

처음에는 무슨 프로그램을 만들지 아이디어를 모으고 목표를 설정하는 기획 단계가 필요합니다. 기획은 '나는 이러이러한 애플리케이션이 필요해.' 하는 생각에서 출발할 수도 있고, '사람들이 저러저러한 모바일 애플리케이션을 필요로 할 것 같아.' 또는 '1년 후에 이런 프로그램이 인기를 얻을 거야.' 하는 생각에서 출발할 수도 있습니다. 때론 새로운 아이디어는 아니지만 기존 애플리케이션에서 불편함을 느껴 그것을 개선한 애플리케이션을 만들 수도 있겠지요.

이렇게 기획 아이디어를 모으는 과정에서는 이미 존재하는 애플리케이션을 찾아보고, 사람들이 어떤 애플리케이션을 왜 좋아하는지 분석하는 작업이 중요합니다. 사용자와 시장에 대한 분석이 있어야만 사람들이 원하는 프로그램을 만들 수 있고, 많은 사람이 실제로 사용해야 애플리케이션이 존재하는 의미가 생겨날 테니까요.

시장분석을 마치고 어떤 프로그램을 만들지를 결정하고 나면, 채택한 아이디어를 보다 더 상세히 정의하고 목표를 설정합니다. 이때 프로그램을 통해 수익을 얼마나 내야 하는지 등 사업 면에서도 방향을 세우고, 대략의 디자인 기획도 함께 이루어지는 경우가 많습니다. 애플리케이션이 완성된 상황을 상상하는 것이라고 이해할 수도 있겠네요. 어떤 모양을 가진, 어떤 역할의 애플리케이션이 완성되어야 할지, 어떤 사람들이 얼마나 이 애플리케이션을 사용하고, 사회에는 어떤 영향을 끼치게 될지를 상상해 보는 거예요. 이렇게 프로그램을 기획하는 사람들을 기획자라고 부르지요.

기획자에 대해 좀 더 이해해 보기 위해, 컴퓨터가 막 발명되었을 때의 도서관으로 시간 여행을 해 볼까요? 컴퓨터가 없던 시절에는 도서관에서 어떻게 책을 찾을 수 있었을까요? 옛날에는 책의 정보가 적힌 종이 카드를 저자, 책 제목, 주제어에 따라 순서대로 정리해 작은 서랍에 넣어 두었어요. 예를 들어 '코딩으로 세상을 바꿀 수 있다면'이라는 제목의 책을 찾고 싶다면, 카드가 제목순으로 정리된 서랍에 가서 '코'로 시작하는 카드들이

도서 목록 카드함을 정리하는 사서의 모습과 책 정보가 적힌 도서 목록 카드

모인 서랍을 찾았지요. 《코딩으로 세상을 바꿀 수 있다면》의 종이 카드를 찾았다면 그 카드에 적힌 일련번호를 기억하고 실제 책이 꽂힌 서가에 가서 그 번호의 책을 찾는 거예요. 그런데 이렇게 책을 찾자니 여러 사람이 동시에 책을 찾기도 어렵고, 새로운 책이 들어올 때마다 카드를 여러 개 작성해서 저자나 주제어 등 각 분류에 따른 카드함의 적합한 위치에 새 카드를 끼워 넣는 과정을 반복해야 했습니다.

만일 여러분이 여기에 불편함을 느끼고 더 편리하게 책을 검색할 수 있는 프로그램을 만들어야겠다고 생각한다면, 그것이 바로 기획의 첫 아이디어가 되는 거예요. 그럼 이제 도서관을 자주 이용하는 친구들에게 물어볼 수 있겠지요. 책을 찾을 때 저자로 찾는 경우가 많은지 아니면 제목으로 찾는 경우가 많은지, 여러 사람이 동시에 책을 찾느라 카드함 앞에서 기다려 본 적이 있는지 등을 말이에요. 또 사서에게도 물어볼 수 있겠어요. "종이 카드로 책을 찾는 것이 아니라 컴퓨터에 제목을 입력하면 바로 책의 위치를 확인할 수 있다면 어떨 것 같나요?"와 같은 질문을 던져 사용자의 수요를 파악해 보는 것이지요. 나아가 도서관에 책 검색 프로그램을 구매할 의사가 있는지를 문의해 볼 수도 있겠네요.

이러한 시장조사 과정을 통해 기획을 점차 구체화할 수 있습니다. 사업화하기에 가장 적합한 아이디어를 선정하고 실제 구현할 프로그램을 정의하지요. 이때 여러 가지 기능 중 꼭 필요하고 프로그램을 처음 선보이는 단계에서 반드시 포함되어야 하는 기능이 무엇인지 찾는 작업을 하기도 해요. 예를 들어 책의 정보에는 책의 제목, 저자, 출판사, 출판일 등 여러 종류가 있을 텐데요. 각각의 항목으로 모두 검색이 가능하도록 하려면 프로그램을 완성하는 데 시간이 오래 걸릴 수 있습니다. 그래서 꼭 필요한 기능인 제목과 저자로 검색하는 것은 처음에 구현하고, 다른 기능은 다음 버전에서 추가하기로 판단할 수도 있습니다. 혹은 콘셉트상 간단한 기능만 갖추는 쪽을 선택할 수도 있고요.

그다음, 프로그램이 사용되는 시나리오를 구상해 아이디어를 더욱 상세히 다듬어 갑니다. 만약 사서가 사용하는 프로그램이라면 자신이 컴퓨터로 책을 검색한 후 책의 위치를 도서관 이용자에게 알려 주겠지요. 그럼 이 경우에는 컴퓨터에서 동작하는 프로그램이 될 테고, 인쇄 기능이 있으면 더욱 편리하겠어요. 반면 도서관 이용자가 직접 프로그램을 사용하는 경우라면 어떨까요? 도서관에 비치된 검색용 컴퓨터를 사용할 수도 있지만, 각자의 스마트폰으로 책을 검색해 위치를 확인할 수도 있겠네요. 이때에는 모바일에서 동작하는 프로그램을 만들어야 할 테고, 인쇄 기능은 없어도 괜찮겠지요.

한편 프로그램 사용자의 신체적 조건이나 사용 환경에 따라서도 시나리오가 달라질 수 있습니다. 글씨를 읽는 것이 불편하지 않은 사용자도 있겠지만, 작은 글씨를 읽기 어려운 사람이나 화면을 볼 수 없는 시각장애인이 사용자가 될 수도 있어요. 또 인터넷 환경이 좋은 도서관에서 근무하는 사서가 사용자일 수도 있지만, 모바일 데이터가 부족한 학생이 사용자가 될 수도 있을 겁니다. 그렇기 때문에 가능한 한 많은 사람이 불편함 없이 프로그램에 접근해 사용할 수 있도록 기획 단계와 디자인 단계에서 여러 가지를 충분히 고려해야 합니다.

이렇게 시나리오를 다각도에서 상상하며 아이디어를 충분

히 구체화하면 하나의 프로그램 기획이 완성됩니다. 이 기획 과정을 통해 아이디어가 실제 프로그램으로 만들어졌을 때 얼마나 많은 사람이 사용할 것 같은지, 사용자가 어떤 편리함을 얻을 수 있을지 등을 파악할 수 있겠지요. 그럼 그 내용을 정리해 기획서를 작성하고, 그것에 맞추어 디자인과 개발을 시작하면 됩니다.

프로그램을 어떻게 만들까?

생각으로 또는 문서로만 존재하는 기획을 실제 동작하는 프로그램으로 만들려면 구현 단계가 필요합니다. 사용자가 편리하게 사용할 수 있도록 프로그램을 디자인하고, 컴퓨터가 이해할 수 있는 형태로 프로그램을 작성하는 단계입니다. 하나씩 차근차근 살펴볼게요.

먼저 프로그램을 디자인하는 과정은 크게 두 단계로 나뉩니다. 바로 디자인과 퍼블리싱이에요. 우선 디자인은 그림을 그리듯이 프로그램의 시각적인 모습을 그리는 과정입니다. 도서관에서 필요한 책을 검색하려고 프로그램을 켰을 때를 상상해 보세요. 머릿속에 어떤 화면이 떠오르나요? 처음부터 글자를 입력하는 공간과 검색 버튼이 보일 수도 있고, 귀여운 책 캐릭터가 화면 중앙에 떴다가 검색 화면으로 바뀔 수도 있겠지요. 배경은 하얀색일 수도 있고 노란색일 수도 있을 거예요. 또 검색 버튼은 어떤 모양인지, 버튼을 화면의 오른쪽에 놓을지 아래쪽에 놓을지도 정해야겠지요. 디자이너는 기획 의도에 맞게, 그리고 사용자가 편리하게 사용할 수 있도록 프로그램 곳곳을 디자인합니다. 디자이너가 사람이 알아볼 수 있는 방식으로 그림을 그린다면, 퍼블리셔는 그 그림을 컴퓨터가 알아볼 수 있는 방식으로 그립니다. 디자이너의 그림을 웹 표준에 맞게 정리하고 프로그래밍 언어로 구현하는 퍼블리싱 작업을 담당하는 것이지요.

디자인과 퍼블리싱에 이어서는 개발자가 프로그래밍 하는 과정이 필요합니다. 프로그래밍에 대한 자세한 이야기는 뒤에서 나눠 보기로 하고, 여기서는 간단히 '개발자가 프로그래밍 언어를 사용해 프로그램을 만드는 과정'으로 이해해 볼게요. 디자인 과정이 크게 두 단계로 나뉘는 것처럼 프로그래밍 또한 다시 작은 단계로 구분됩니다. 선생님도 수학 선생님, 과학 선생님처럼 담당 과목이 있듯이 개발자도 전문 분야에 따라 세부적으로 나뉘어요. 여기서 백엔드, 프런트엔드, 모바일, 임베디드, 머신러닝(machine learning) 등 프로그래밍과 관련한 전문적이고 낯선 용어가 등장합니다.

프런트엔드는 퍼블리싱 결과물을 화면에 그려 주는 작업

을, 백엔드는 프런트엔드가 만들어 준 화면 내에 들어가는 데이터를 만드는 작업을 말합니다. 쉽게 말해 눈에 보이는 영역은 프런트엔드, 눈에 보이지 않는 영역은 백엔드 개발자가 담당한다고 할 수 있습니다. 예를 들어 계산기 앱을 만든다고 해 봅시다. 이때 0~9의 숫자 버튼을 배치하고 사용자가 버튼을 클릭할 때 해당 숫자를 입력받는 기능은 프런트엔드, 사용자의 입력에 따라 연산 결과를 만들어 내는 기능은 백엔드, 그리고 백엔드에서 만든 연산 결과를 다시 계산기의 화면에 보여 주는 것은 프런트엔드의 영역이라고 할 수 있습니다.

그렇지만 개발자 한 사람이 여러 영역을 모두 담당할 수도 있어요. 어떤 식당에는 주방에서 음식을 만드는 요리사와 요리사가 만든 음식을 손님에게 가져다주는 서버가 따로 있습니다. 또 어떤 식당에서는 요리사가 자신이 만든 음식을 직접 테이블로 가져다주기도 하지요. 이렇듯 프로그래밍도 여러 분야의 개발을 한 사람이 담당할 수 있습니다. 이런 경우, 그 사람을 풀스택 개발자라고 불러요.

우리가 만들고 있는 도서관 책 검색 프로그램을 다시 생각해 봅시다. 스마트폰으로도 사용할 수 있도록 개발하고 싶다면 스마트폰의 종류에 따라 개발이 따로 이루어져야 합니다. 모바일 운영체제인 안드로이드와 iOS가 사용하는 언어가 다르기 때

CSS
HTML
JAVASCRIPT
PYTHON
SQL
{....}

문이에요. 두 운영체제에서 모두 사용할 수 있는 공통어가 새로 탄생하기도 했지만, 개발자의 전문 분야는 여전히 안드로이드 개발과 iOS 개발로 구분됩니다. 물론 안드로이드와 iOS 개발을 모두 할 수 있는 개발자도 있지요.

디자인과 퍼블리싱을 거쳐 개발까지 모두 마치면 비로소 사람과 컴퓨터가 프로그램을 사이에 두고 상호작용하게 됩니다. 사용자가 책 제목을 화면에 입력하고 검색 버튼을 누르면 컴퓨터가 책의 정보를 찾아 화면에 보여 줄 수 있지요. 그럼 이제 책의 위치를 보고 책을 찾으러 갈 수 있겠네요. 하지만 개발을 마친 프로그램이 아직 개발자의 손에 있습니다. 이 프로그램을 도서관 이용자가 사용하려면 어떤 과정이 필요할까요?

프로그램 개봉 박두!

개발자가 프로그램을 구현한 뒤에도 중요한 단계가 남아 있습니다. 바로 시나리오를 설계하고 테스트를 진행하는 QA(Quality Assurance) 과정입니다. 프로그램 개발 과정의 막바지에 진행되는 경우가 많아 시간에 쫓기기도 하지만, 프로그램의 품질을 꼼꼼히 점검하는 테스트가 이루어지는 아주 중요한 단계입니다.

QA는 개발자, 디자이너처럼 전문성이 필요한 하나의 직무이기도 하지요. 개발자가 열심히 개발하더라도 미처 생각하지 못한 오류가 생길 수 있기 때문에, 원하는 결과가 나올 수 있도록 여러 상황을 가정해 테스트를 반복하면서 프로그램이 목표에 맞는 기준을 잘 통과하는지 점검해야 합니다. 테스트 중 반복이 필요한 일부 과정은 자동화하여 코드를 수정할 때마다 테스트 결과가 출력되도록 시스템을 구성하기도 해요.

그런데요, 개발자들 사이에서는 '사용자는 개발자가 원하는 대로 프로그램을 사용하지 않는다.'라는 이야기도 있어요. 예를 들어 개발자는 사용자가 항상 책 제목을 입력하고 검색 버튼을 누르리라 생각했는데, 누군가 실수로 또는 특별한 이유 없이 아무 글자를 입력하지 않고 검색 버튼을 누를 수도 있을 거예요. 그렇다면 이때는 프로그램이 갑자기 멈추거나 종료되지 않고 책 제목을 입력하라는 안내 문구를 보여 주는 게 좋겠지요.

이러한 예외 상황을 설계 단계나 구현 단계에서 미리 고려하면 좋겠지만, 그때는 미처 생각하지 못한 경우를 QA 과정에서 발견하는 경우도 많습니다. 컴퓨터는 실수하지 않더라도 사람은 언제나 실수할 수 있기 때문에 사람이 만든 프로그램도 사람을 닮아 실수할 수 있답니다. 테스트 결과, 보완이 필요하다고 판단한 부분은 추가로 개발을 진행하면서 조금씩 더 안정적이고 실수하지 않는 프로그램을 만들어 나갑니다.

그럼 테스트까지 모두 마치고 합격 도장을 받은 프로그램은 곧바로 사람들이 사용할 수 있을까요? 유튜버가 영상을 만든 후 유튜브 사이트에 공개해야 사람들이 볼 수 있듯 프로그램도 사람들이 접근할 수 있도록 공개하는 과정이 필요하고, 그 과정을 배포라고 부릅니다. 맞아요, 신문이나 잡지가 배포된다고 할 때의 그 배포예요. 잡지를 살 때 잡지사를 통해 직접 구매할 수도 있지만, 여러 잡지가 모여 있는 서점에서 구매할 수도 있지요. 프로그램도 마찬가지입니다. 프로그램을 개별적으로 공개할 때도 있지만, 구글플레이스토어 또는 앱스토어와 같이 애플리케이션을 구매하거나 다운받을 수 있는 공간을 통해 배포하는 것이 보편적이에요.

이때 각 스토어는 공개되는 프로그램이 지켜야 할 규칙을 정책으로 정해 두기도 합니다. 대표적으로 앱스토어에는 부적절한 콘텐츠가 있어서는 안 된다거나 신체적 손상을 입힐 위험이 있는 방식으로 작동하는 경우 등록을 거부할 수 있다는 안내가 있습니다. 그 이외에도 결제 방식이나 디자인과 관련한 최소한의 기준을 두기도 해요. 이런 기준을 충족하는 경우 스토어에 무사히 애플리케이션을 등록할 수 있습니다. 이것이 바로 배포 과정이에요.

프로그램 사용하기, 그리고 또 기획하기

프로그램 배포를 마치면 비로소 사용자들이 애플리케이션을 다운받아 사용할 수 있습니다. 그럼 사용자들의 후기를 들을 수 있겠지요. 개발 단계에서는 프로그램을 만드는 과정에 참여한 동료들 또는 직접 의견을 물었던 예비 사용자들의 의견만 알 수 있었지만, 이제는 어떤 점이 좋고 또 어떤 점이 나쁜지 더 많은 사람의 이야기를 들을 수 있을 거예요. 그럼 애플리케이션을 어떤 식으로 개선할지와 관련해 새로운 의견을 접할 수도 있겠지요.

이제 기획자를 포함해 프로그램을 만드는 사람들은 추후 추가할 예정이었던 기능이나 새로운 개선 의견 중 반영하고 싶은 부분을 선택해서 프로그램의 다음 버전을 만드는 단계로 나아갑니다. 즉 다시 기획 단계로 돌아가 필요한 기능을 살피고 아이디어를 다듬은 다음, 구현 단계를 거쳐 업데이트 버전을 배포하는 것입니다. 이때 기능을 추가하는 목적 외에 컴퓨터와 운영체제(컴퓨터의 하드웨어를 관리하여 사용자가 프로그램을 사용할 수 있도록 돕는 가장 기본적인 프로그램)의 발전에 프로그램이 대응하는 일이 필요합니다.

이처럼 프로그램 개발은 처음 만드는 과정도 중요하지만 그 이후에도 프로그램이 계속 생명력을 가질 수 있도록 기획자, 개발자, 사용자 등 모두의 노력이 필요하지요.

사실 이 모든 과정이 항상 순차적으로 진행되는 것은 아닙니다. 물론 기획과 구현을 시작하지 않았는데 배포를 먼저 할 수는 없어요. 하지만 빠르게 프로그램을 만들기 위해 기획과 개발을 거의 동시에 진행하기도 합니다. 프로그램의 모든 화면을 기획한 후 구현 단계에 들어가는 것이 아니라, 일부 화면에 대한 기획이 나오면 바로 개발을 시작하고, 일부 화면을 개발하는 동안 다른 화면의 기획을 진행하는 식이지요.

그러나 차근차근 단계를 밟지 않고 동시에 개발을 진행하면 비효율적인 코드가 작성되기 쉽고, 개발 도중 기획의 수정 사항이 많아지면 결국 프로그램을 완성하기까지 더 오랜 시간이 걸릴 수도 있답니다. 급할수록 돌아가라는 말이 괜히 있는 것이 아니겠지요. 빠르게 프로그램을 선보이고 피드백을 반영해 업데이트하는 과정도 중요하지만, 모든 사용자에게 좋은 경험을 선사하는 프로그램을 만들려면 그만큼 충분한 시간과 노력을 들여야 할 테니까요.

3

코드의 세계로 초대합니다

프로그래밍이란 무엇일까?

앞 장에서는 프로그램을 만드는 과정과 그 일을 함께하는 사람들을 만나 보았습니다. 그중 '프로그래머(programmer)'는 '프로그램(program)'에, 어떤 일에 관계하는 사람을 나타내는 접미사(-er)가 붙은 것으로, 프로그램을 만드는 사람을 말합니다. 한국어로는 개발자라고 하지요. 그리고 '프로그래밍(programming)'은 '프로그램'에 행위를 뜻하는 접미사(-ing)가 붙은 단어로 프로그램을 만드는 작업을 가리킵니다.

프로그래밍은 넓은 의미와 좁은 의미가 혼용되고 있는데요. 프로그래밍의 용례를 이해하기 위해 잠시 '문화'라는 단어를 떠올려 보겠습니다. 문화는 연구자마다 다양하게 정의하는 단어 중 하나입니다. 넓은 의미에서 문화란 의식주, 언어, 사고방식 등 한 공동체의 구성원들이 공유하는 생활양식을 의미합니다. '대중문화', '전통문화', '청소년 문화'와 같이 사용되지요. 반면 좁은 의미에서 문화란 정신적·물질적으로 발전된 상태에 있거나 교양을 갖춘 모습을 가리킵니다. '문화인', '문화생활', '문화예술'과 같은 단어가 그 예시가 되겠네요. 프로그래밍도 이렇게 맥락에 따라 넓은 의미와 좁은 의미로 사용되고 있습니다.

먼저 넓은 의미의 프로그래밍은 프로그램을 만드는 과정 전체를 지칭합니다. 아이디어를 모으고 문제를 정의하는 기획 단계부터 실제 개발 단계, 배포 단계 등 프로그램을 만드는 모든 단계가 포함되지요. 넓은 의미에서 프로그래밍은 기획자, 디자이너, 개발자 등 다양한 직군의 동료들이 함께하는 과정입니다. 이러한 관점에서 어떤 이들은 프로그래밍은 개발자만 하는 것이 아니라고 말하기도 합니다. 비(非)개발자의 업무를 소홀히 여기는 태도를 비판하는 맥락이지요.

좁은 의미로는 컴퓨터가 이해할 수 있는 프로그래밍 언어로 프로그램을 개발하는 과정을 뜻합니다. 즉 기획이나 디자인 같은 단계를 제외하고, 프로그램 구현을 비롯해 대부분 개발자가 담당하는 업무를 가리키는데요. 대개는 좁은 의미로 더 많이 사용하고 있답니다.

그리고 여러분이 많이 들어 봤을 '코딩'도 프로그래밍과 마찬가지로 좁은 의미와 넓은 의미를 모두 가지고 있어요. 좁은 의미로는 프로그래밍 언어를 사용해 코드를 작성하는 과정을 의미하고, 넓은 의미로는 프로그래밍 언어로 프로그램을 개발하는 과정이라는 뜻으로 사용됩니다. 프로그래밍을 좁은 의미로 많이 사용하듯 코딩 또한 주로 좁은 의미로 사용하는 경향이 있습니다. 그러므로 우리의 이야기를 명확히 하기 위해 이 장에서는 프로그래밍과 코딩 모두 좁은 의미로 사용할게요. 그럼 이제 본격적으로 프로그래머는 무슨 일을 하는지 살펴봅시다.

프로그래머는 무슨 일을 할까?

소방관이 어떤 일을 하는지 한번 생각해 볼까요? 소방관의 가장 중요한 업무는 불을 끄는 일일 겁니다. 그런데 소방관은 불이 난 장소에서 화재를 진압하는 일만 할까요? 소방관이 불을 끄는 그 행위에는 또 어떤 과정이 포함되어 있을까요?

소방관이 불을 끄려면 먼저 신고를 받아 화재가 발생했다는 사실을 알아야 합니다. 그다음 방화복을 입고 준비물을 챙겨 불이 난 장소로 적정 인원이 출동해야겠지요. 현장에 도착해서는 인명 구조가 필요한 상황인지 우선 파악하고, 바람의 방향과 불의 크기 등을 고려해 적합한 전략을 세운 뒤 그 전략에 맞게 소화전이나 소화기 등 도구를 이용해 불을 끕니다. 그리고 불이 잘 꺼졌는지 점검하고 화재 현장을 정리한 후 소방서에 돌아와 사건 관련 사항을 기록하고 다음 출동을 위해 도구를 정비해야 할 거예요. 화재 현장을 진압하는 과정에서 실수한 것은 없었는지 돌이켜 보는 과정도 필요할 수 있지요.

이처럼 진화 작업 자체만이 아니라 그 전후로도 준비하고 정리해야 일과 고려해야 할 문제가 다수 숨어 있습니다. 개발자도 소방관과 비슷한 측면이 있습니다. 프로그램의 동작을 명령하는 소스 코드(source code)를 프로그래밍 언어로 작성하는 코딩 외에도, 만들고자 하는 기능을 정의하고, 필요한 정보를 파악하고, 기능을 구현할 수 있도록 구조를 설계하고, 의도에 따라 동작이 잘되도록 하는 방법을 찾고, 예상대로 작동하는지 테스트하고, 구현한 기능에 대한 설명을 작성해야 합니다.

한편 다시 소방관의 예로 돌아와 진화 작업만 따져 본다 해도 거기엔 여러 가지 방법이 있을 겁니다. 소화전을 이용할 수도 있고, 소화기를 이용할 수도 있고, 소방차를 이용할 수도 있겠지요. 만약 소화기를 사용하기로 했다면 용량이 어느 정도 되는 것을 사용할지, 호스를 어디에 조준해 분사할지, 언제 불이 꺼졌다고 판단하고 소화기를 내려놓을지 결정해야 합니다. 정확하고 빠르게 불을 끄기 위한 기술이 필요한 것이지요. 코딩도 마찬가지예요. 어떤 코드가 가장 효율적일지 고민하고 선택하는 과정을 거쳐야 합니다.

/usr/local/lib/python3.6/site-packages/pyhiv
/common.py in _fetch_while(self, fn)
44 def _fetch_while(self, fn):
45 while fn():
---> 46 self._fetch_more()
47 if fn():
48 time.sl
!!!

그리고 소방관이 불을 끄기 위해 화재 현장의 지형과 바람의 방향, 불의 규모 등 다양한 조건을 따져 보는 것처럼, 개발자도 코드를 작성하기 전에 프로그램이 실행되는 여러 환경을 앞서서 고려해 보아야 합니다. 예를 들어 책의 제목을 입력하면 책의 정보를 검색해 주는 프로그램을 만든다고 가정해 봅시다. 그런데 책의 제목을 입력하고 나서 하루가 지나야 책의 정보를 알려 준다면 사용자가 오래 기다려야 하니 매우 불편하겠지요. 만약 세상에서 가장 긴 제목의 책이 출간되어 화면에 책의 제목이 다 담기지 않을 때는 어떻게 해야 할까요? 어디 그뿐인가요. 처음에는 도서관에 책이 10권 있었는데 새로운 책이 들어오면서 1만 권이 되면, 이 많은 책의 정보를 어떻게 저장해야 할까요? 그리고 이 프로그램을 백만 명이 동시에 사용해도 아무 문제 없이 작동할까요?

이처럼 프로그래밍 과정에서는 생각해야 할 것이 무척 많습니다. 동일한 입력에 대해 동일한 출력을 하는 기능을 만들더라도 어떤 문제를 예측하느냐, 어떤 점을 중점적으로 고려하느냐에 따라 결과적으로 매우 다른 프로그램이 만들어지기도 합니다. 그래서 코딩을 잘하는 개발자가 뛰어나 보일 때도 있지만 사실 코딩 실력은 훌륭한 개발자가 갖추어야 할 역량 중 하나일 뿐이기도 해요.

프로그래밍이 코드를 작성하는 행위를 비롯해 프로그램을 둘러싼 여러 문제를 고민하고 판단하는 일까지 포함하다 보니, 때로 '코더'라는 단어를 '코딩만 할 줄 아는 시야가 좁은 개발자'라는 비판적 의도를 담아 사용하기도 합니다. 그러나 코더는 코딩의 관점에서 개발자를 표현하는 단어일 뿐이니 누군가를 폄하하는 용도로 사용해서는 안 된다는 의견도 많아요. 1940년대에는 프로그래머를 뜻하는 용어로 코더가 널리 사용되었다는 사실을 떠올려 보면, 이제 와 프로그래머와 코더를 굳이 구분해 누군가를 비하하는 것은 의미 없는 일이 될 수도 있겠습니다.

그래도 이런 갑론을박에서 배울 수 있는 점이 하나 있다면, 개발자를 지칭할 때 특정 단어가 맞고 틀리냐보다는 '프로그램을 만들 때 어떤 고민을 하는 개발자가 되느냐'가 매우 중요하다는 그 사실입니다. 프로그래머와 코더를 구분하고자 했던 사람들도 결국은 코딩할 때 주어진 알고리즘을 코드로 구현하는 데 그치지 않고 폭넓은 고민을 코드에 담아내는 일이 필요하다는 점을 말하고 싶었던 것인지 모릅니다.

책 제목으로 책의 정보를 검색하는 프로그램을 만드는 경우를 다시 생각해 봅시다. 이때 프로그래머는 단순히 텍스트를 입력받아 텍스트와 동일한 제목의 책을 찾아내는 코드를 만들 수도 있습니다. 하지만 앞서 여러 가지 문제 상황을 떠올렸던 것, 기억하나요? 좋은 개발자라면 코드를 짤 때 그러한 질문들을 던지고 프로그램의 실행 속도, 입력하는 내용의 형태, 출력 결과 화면, 데이터의 양을 모두 고려하여 코드를 작성할 거예요. 그러면 프로그램이 더 빠르고 안정적으로 동작할 수 있겠지요.

또 어떤 개발자는 책을 검색하는 사용자가 시력이 안 좋거나 컴퓨터가 익숙하지 않은 경우를 생각해 볼 수도 있습니다. 그러면 이런 사람들을 위해 가독성이 뛰어나고 친절한 프로그램을 만들겠지요. 프로그램을 사용하는 사람은 어린이일 수도 있고, 장애인일 수도 있고, 외국인일 수도 있습니다. 사용자가 다양한 특성을 가질 수밖에 없기에 프로그램을 경험하고 활용하는 방식도 무궁무진하지요. 다양한 용례가 있는 만큼 차근차근 여러 관점에서 프로그램을 바라본다면 좋은 프로그램을 만드는 데에 한 발짝 더 가까워질 수 있을 거예요. 즉 건강한 프로그램을 만들려면 개발자는 프로그램을 둘러싼 여러 문제를 다각도에서 바라볼 줄 아는 지혜와 효율적이고 읽기 쉬운 코드를 작성할 줄 아는 기술이 필요합니다.

프로그래밍이 우리 일상에서 활약하는 범위는 지금도 계속해서 넓어지고 있습니다. 따라서 개발자가 아니더라도 내가 원하는 변화를 만들기 위해 프로그래밍이 필요한 순간이 올 수 있어요. 혹은 컴퓨터와 프로그래밍에 대한 이해가 있다면 더 도움이 되는 순간도 만나게 될 겁니다. 실제로 마케팅, 회계, 예술, 정치 등 다양한 직업군에서 코딩이 접목되는 일을 수행하고 있어요. 어쩌면 일상에서 겪는 불편함을 해소하고자 프로그램을 개발할 수도 있을 거예요. 개발하고 싶은 프로그램이 당장 떠오르지 않더라도, 문제 해결에 관심이 있는 사람이라면 누구든 코딩을 할 수 있습니다.

그렇다면 코드는 대체 어떻게 우리 일상의 문제를 해결하고 세상에 변화를 불러일으킬 수 있었던 걸까요?

코드의 비법, 변수와 연산

컴퓨터를 사용해 문제를 해결할 때 유리한 점 중 하나는 컴퓨터가 주어진 일을 자동으로 수행할 줄 안다는 것입니다. 우리가 컴퓨터 앞에 앉아서 단계마다 필요한 동작을 일일이 지시하지 않아도 코드를 작성해 프로그램을 실행시키면 컴퓨터는 입력된 명령어들을 알아서 이행하지요. 그것은 미리 약속한 이름으로 동작에 필요한 값을 지정하고, 컴퓨터가 단계마다 수행하길 원하는 동작을 명령어로 표현할 수 있기 때문입니다.

"이번 운동회의 변수는 날씨야!", "변수가 많으니 선거 결과를 예측하기가 어렵네."와 같은 말을 들어 보았나요? 우리가 살아가는 세계는 늘 시시각각 변화합니다. 이처럼 계속해서 달라지며 어떤 상황을 바꿔 놓는 요소를 변수라고 불러요. 그리고 수학적으로는 변할 수 있는 수를 의미하지요. 한편 컴퓨터 세상에서 변수는 프로그램을 만들 때 컴퓨터에 저장하는 기억 장소를 말합니다. 바로 이 변수가 컴퓨터의 자동화를 가능케 하는 주요 요소인데요. 변수가 장소라는 건 무슨 뜻일까요? 왜 갑자기 장소가 등장하는 걸까요?

여러 가지 과자가 들어 있는 자판기를 떠올려 봅시다. 자판기에는 번호가 붙은 칸이 세 개 있고, 각 칸에는 한 종류의 과자가 들어 있습니다. 우리는 원하는 과자가 들어 있는 칸의 번호를 눌러 해당 과자를 구매할 수 있지요. 만약 새로운 과자가 나와서 자판기를 통해 그 과자를 판매하고 싶으면 칸에 들어 있는 과자를 새것으로 바꾸면 됩니다. 예를 들어 1번 칸에 빼빼로가 들어 있었는데 빼빼로를 초코파이로 바꾼다면, 이제 1번을 선택하면 빼빼로가 아닌 초코파이가 나오겠지요. 즉 '1번'이라는 공간에 빼빼로를 저장했다가 초코파이로 바꾸어 저장할 수 있는 거예요.

컴퓨터 또한 바로 이런 방식으로, 자료 저장 공간에 이름을 붙인 뒤 해당 공간에 자료를 저장하거나 저장된 자료를 꺼내 사용하고, 또 저장하는 자료를 바꾸기도 합니다. 코딩에서 이렇게 사용할 공간을 마련하고 이름을 붙이는 과정을 '변수를 선언한다'라고 합니다.

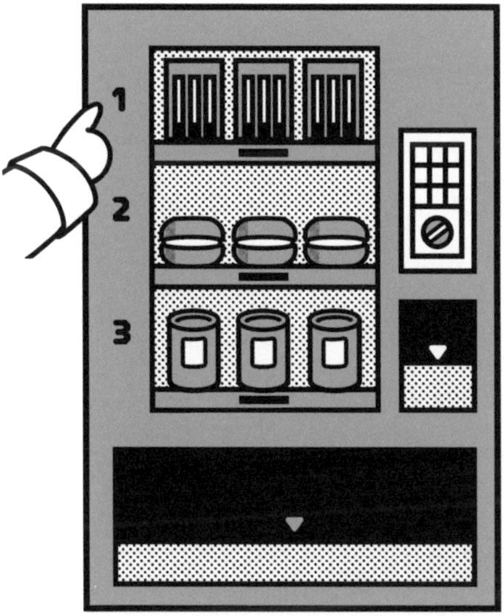
1
2
3

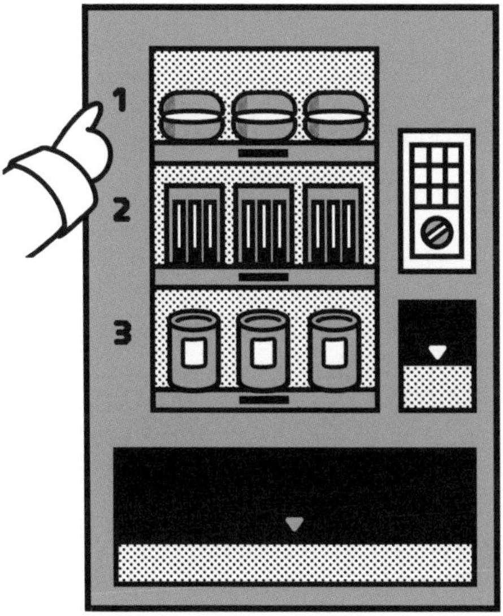
1
2
3

그럼 변수에 값을 저장한 후, 이것을 어떻게 사용할까요? 컴퓨터는 코드를 실행할 때 변수를 대상으로 기본적 연산을 수행합니다. 떡볶이를 만들어 본 적 있나요? 재료인 떡, 파, 어묵, 고추장, 설탕, 물을 준비했다면 떡은 물에 잠깐 불리고, 파는 송송 썰고, 어묵은 먹기 좋은 크기로 썰어야 합니다. 고추장과 설탕, 물을 섞어 만든 양념을 팬에 넣고 끓이다가 떡과 어묵, 파를 넣어 익히면 떡볶이가 완성되지요. 떡, 어묵과 같은 재료를 이름이 붙은 변수라고 한다면, 이 재료들을 썰고 끓이고 볶는 행위를 연산이라고 볼 수 있습니다. 변수들이 적절한 연산 과정을 통해 떡볶이라는 결과로 완성되는 것이지요.

컴퓨터가 수행하는 연산에는 산술연산, 비교연산, 논리연산이 있습니다. 산술연산은 덧셈, 뺄셈, 곱셈, 나눗셈과 같은 산술적인 연산을 말합니다. 비교연산은 값이나 변수를 비교하는 연산으로 같다, 크다/작다, 크거나 같다/작거나 같다 등의 연산자를 사용하지요. 그리고 참/거짓, 부정과 같이 논리적 연결을 하는 논리연산이 있습니다. 이러한 연산이 변수와 함께 코드를 구성하는 기본 요소 중 하나입니다.

또 다른 예시로 연산 작업을 좀 더 구체적으로 살펴봅시다. 사탕 한 봉지와 아이스크림 한 박스가 있습니다. 이것을 다섯 명이 똑같은 개수로 나눠 먹을 수 있을지 계산해보고 싶어요. 그렇다면 사탕 한 봉지에 든 사탕 개수를 5로 나눈 나머지가 0과 같은지, 그리고 아이스크림 한 박스에 든 아이스크림 개수를 5로 나눈 나머지가 0과 같은지를 계산하면 되겠지요. 여기서 사탕 한 봉지에 든 사탕 수를 5로 나누는 과정이 산술연산, 나머지가 0과 같은지 비교하는 것이 비교연산입니다. 사탕을 똑같이 나누어 먹을 수 있는지와 아이스크림을 똑같이 나누어 먹을 수 있는지 여부를 종합하여 두 경우 모두 가능한지를 판단하는 것이 바로 논리연산이지요.

```
사탕_한_봉지=○개

아이스크림_한_박스=□개


사탕_나머지=사탕_한_봉지%5

아이스크림_나머지=아이스크림_한_박스%5

if 사탕_나머지==0 && 아이스크림_나머지==0
   print("나누어 먹을 수 있습니다.")
```

나머지를 구하는 기호 (%)

모두 참인지 판단하는 기호 (&&)

같은지 비교하는 기호 (==)

산술연산 / 논리연산 / 비교연산

코드의 시스템 이해하기

앞에서 살펴본 것처럼 코드는 정보를 저장하는 변수와 변수를 대상으로 하는 연산으로 구성됩니다. 코딩이란 결국 변수와 연산을 적절히 사용해 컴퓨터에 명령을 내리는 것인데요, 명령어를 쓰고 배치하는 구조를 제어 구조라고 합니다. 즉 프로그램의 흐름을 구성하는 방법이나 명령어의 구조를 말하지요.

제어 구조를 적절히 사용할수록 프로그램이 더욱 효율적으로 동작할 수 있기 때문에 코딩할 때는 제어 구조를 잘 이해하고 활용해야 합니다. 컴퓨터의 목적이 한정된 물리적 자원으로 빠르게 문제를 해결하는 것이기에 효율적인 해결 방법을 찾고 최적화된 코드를 작성하는 것이 코드의 세계에서는 상당히 중요하지요.

물론 그렇다고 해서 효율성이 다른 어떤 가치보다 우선되거나 유일한 기준은 아닙니다. 효율성만 추구하면 우리가 중요하게 생각해야 할 다른 가치를 놓치는 상황이 생길 수가 있어요. 하지만 그렇기 때문에 더욱이 코딩 시스템의 동작 원리나 구조를 잘 이해하는 일이 필요합니다. 문제를 해결하는 방법들이 각각 어떤 특성이 있고 시스템에 어떤 영향을 주는지 알아야 적합한 해결 방법을 선택할 수 있을 테니까요.

제어 구조는 명령어가 실행되는 방식에 따라 크게 세 가지로 나누어 이야기해 볼 수 있습니다. 이는 에이다 러브레이스가 만든 최초의 프로그램에도 등장하는 개념으로, 코드를 지탱하는 기본 구조이지요. 첫 번째는 순차 구조입니다. 버스를 탈 때 줄을 서서 한 사람씩 차례로 들어가는 것처럼, 편의점에서 과자를 구매할 때 줄을 서서 한 사람씩 순서대로 계산하는 것처럼, 명령의 순서에 따라 차례대로 실행하는 구조를 말합니다. 프로그램의 가장 기본적인 실행 방식이에요. 일반적으로 코드는 순차 구조를 바탕으로 동작한다고 할 수 있습니다.

두 번째는 반복 구조입니다. 반복 구조란 특정 조건에 따라 일정한 과정을 반복하는 것을 말합니다. 이러한 반복 구조는 프로그램이 동작하는 동안 끝없이 반복할 수도 있고, 정해진 횟수만큼만 반복할 수도, 특정 조건을 만족할 때까지 반복할 수도 있습니다. 예를 들어 농구 골대에 농구공 넣는 것을 하나의 동작이라고 생각한다면, 10분 동안 계속 공을 던질 수도 있고, 시간에 상관없이 열 번 공 던지기를 반복할 수도 있으며, 혹은 체육관에 있는 공을 모두 던질 때까지 계속 던질 수도 있겠지요.

다만 프로그램이 스스로 끝나기를 원한다면, 끝없이 반복하는 반복 구조를 사용하지 않도록 주의해야 합니다. 만약 알람시계가 울릴 때까지 슛을 연습하기로 했는데, 알람을 맞추는 것을 까먹고 공 던지기를 시작했다면 알람이 울리지 않아 영원히 슛을 연습해야 하는 문제가 생기겠지요. 친구가 강제로 공을 뺏으며 "슛 연습은 이제 그만해!"라고 외친다면 그때는 농구공 던지기 프로그램이 끝날 수 있겠지만요.

마지막으로 선택 구조가 있습니다. 선택 구조는 조건에 따라 실행 여부가 달라지는 구조입니다. "오늘 숙제를 모두 다 한다면 내일 체육 시간에는 자유 시간을 주겠어요!"라고 선생님이 말씀하셨다면, 이것은 숙제를 다 했다는 조건을 만족할 때 자유 시간이 생기는 것이니 선택 구조입니다. 한편 주어진 조건을 만족할 때와 만족하지 않을 때를 나누어 각각의 상황에서 실행할 명령어를 다르게 구성할 수도 있습니다. 선생님이 "내일 체육 시간에 날씨가 맑다면 운동장에서 달리기를 하고, 그렇지 않다면 교실에서 달리기 경기 영상을 보겠어요."라고 말씀하셨어요. 그렇다면 이런 경우는 날씨가 맑다는 조건을 만족할 때와 만족하지 않을 때의 동작을 각각 지정한 선택 구조라고 할 수 있는 것이지요.

대부분의 코드에는 여러 제어 구조가 적절하게 혼합됩니다. 똑같은 목적으로 코드를 작성하더라도 세 가지의 구조에 따라 다양하게 구성할 수 있지요. 예를 들어 햄버거를 만드는 과정을 떠올려 볼까요? 가장 간단하게는 빵-마요네즈-양상추-패티-치즈-패티-치즈-빵을 순서대로 쌓아 올려 햄버거를 만들 수 있습니다. 순차 구조를 사용한 가장 기본적인 방법일 거예요.

한편 빵, 마요네즈, 양상추를 순서대로 쌓은 후 패티와 치즈 올리기를 두 번 반복한 후 빵을 마지막에 덮을 수도 있습니다. 이 경우 전반적으로 순차 구조로 구성되었지만 패티와 치즈 올리기를 두 번 반복하는 반복 구조가 포함되었네요. 순차 구조에서 규칙이 발견되는 경우에는 코드를 더 효율적으로 작성하기 위해 반복 구조를 사용하곤 합니다.

그럼 선택 구조를 사용해서 햄버거를 만들 수도 있을까요? 빵, 마요네즈, 양상추를 올린 후 콩고기를 좋아한다면 콩고기 패티를, 버섯을 좋아한다면 버섯 패티를 올리고 그 위에 빵을 덮어 햄버거를 완성할 수도 있습니다. 순차 구조와 선택 구조를 함께 사용해 햄버거를 만드는 방법입니다.

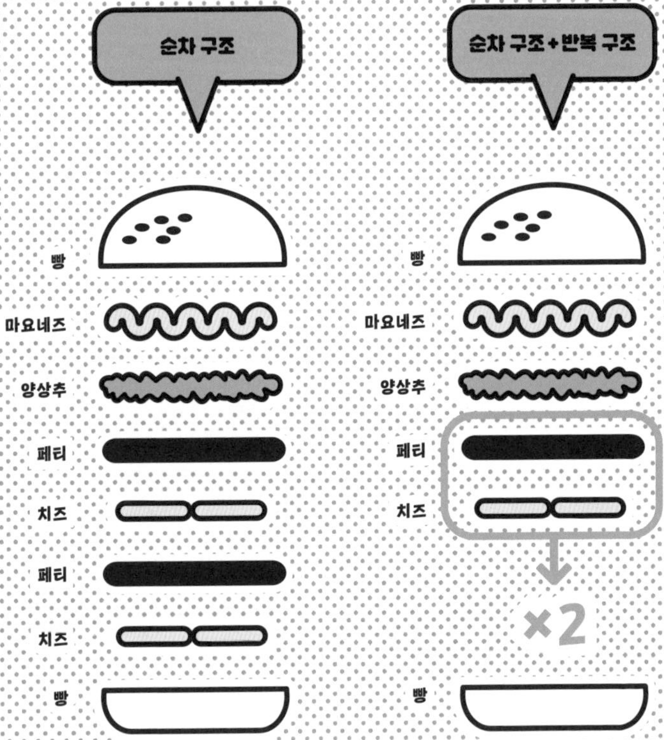
순차 구조
빵
마요네즈
양상추
페티
치즈
페티
치즈
빵
순차 구조+반복 구조
빵
마요네즈
양상추
페티
치즈
×2
빵

이렇게 변수와 연산으로 이루어진 명령어가 적절한 제어 구조를 통해 구성된 것이 바로 코드입니다. 코드는 사람이 읽고 쓰기에 수월한 프로그래밍 언어로 작성되는데요, 이 코드를 컴퓨터가 이해할 수 있는 가장 단순한 명령어 모음으로 번역해 컴퓨터에 입력하면 컴퓨터가 해당 명령어들을 실행하게 됩니다. 이러한 명령어의 모음이 바로 프로그램이에요. 그러니 우리가 핸드폰으로 전화를 하고 영상을 보고 게임을 하는 모든 과정이 변수와 연산으로부터 시작되는 것이랍니다.

이제 코드의 핵심 요소와 프로그램을 이해했으니 본격적으로 오늘날의 프로그래밍을 가능케 한 핵심 개념들을 살펴볼까요? 프로그래밍 역사에서 기념비적인 사건과 인물이 등장할 차례랍니다.

4

프로그래밍의 발전

10년이면 강산도 바뀌고 코딩하는 방법도 바뀐다

코딩하는 사람을 그린다면 여러분은 어떤 그림을 그릴 건가요? 저는 의자에 앉아 모니터 화면을 바라보며 키보드에 두 손을 올리고 있는 모습이 떠오릅니다. 타닥타닥 타이핑 소리도 들리는 것 같네요.

사실 우리가 흔히 떠올리는 이런 모습으로 개발자들이 코딩 작업을 한 지는 얼마 되지 않았습니다. 1970년대에 이르러서야 최초의 개인용 컴퓨터가 개발되었고, 1977년에 개발된 애플의 개인용 컴퓨터가 그나마 현재의 컴퓨터와 비슷한 모양이지요. 지금은 노트북이 책 한 권 무게 정도이고 핸드폰을 옷 주머니에 넣고 다니지만, 초기의 컴퓨터는 냉장고가 여러 개 붙어 있는 것처럼 거대했습니다.

1946년에 만들어진 에니악

1944년에 만들어진 최초의 전기기계 컴퓨터 마크 I (Mark I)은 길이가 17m, 높이가 2.4m였고, 한때 세계 최초의 컴퓨터로 불리기도 했던 에니악(ENIAC)은 30t가량의 커다란 기계였어요. 에니악을 사용하려면 대략 교실 두 개 면적에 해당하는 42평이 필요했다고 합니다.

마크 I과 에니악 모두 지금의 컴퓨터와는 모습이 매우 달라 두 기계가 오히려 비슷하게 느껴질 수 있겠지만, 사실 둘 사이에도 성능 차이는 확연했습니다. 마크 I이 1초에 세 번 할 수 있는 계산을 에니악은 무려 5,000번을 할 수 있었지요. 에니악이 처

1977년 애플이 출시한 개인용 컴퓨터 애플-II

음 발명된 것이 1946년이니 단기간에 하드웨어의 발전이 이루어졌다고 볼 수 있습니다.

마이크로소프트 사의 수석 과학자 고든 벨(Gordon Bell)은 1972년, 컴퓨터 장비가 10년마다 성능은 10배 높아지고 가격은 10배 저렴해지며 크기는 10배 작아질 것이라고 예견했어요. 실제로 1980년대에 개인용 컴퓨터가 보편화되고, 1990년대에는 노트북이, 2000년대에는 스마트폰이 널리 보급되었지요.

하드웨어가 매우 빠르게 발전함에 따라 코딩의 방법도 변화해 왔습니다. 초기에는 '천공카드'라 불리는 종이테이프에 코드를 포함한 데이터를 저장했습니다. 천공카드는 컴퓨터가 발명되기 전부터 존재하던 방식으로, 종이에 구멍을 뚫어 뚫린 곳과 막힌 곳으로 데이터를 나타내는 저장 매체입니다. 앞서 컴퓨터에 저장하는 데이터는 0과 1로 이루어진 비트로 구성된다고 했었는데요. 이 비트를 구멍의 여부로 나타내는 방식입니다. 시험 답안지로 사용되는 오엠알(OMR, Optical Mark Recognition) 카드를 생

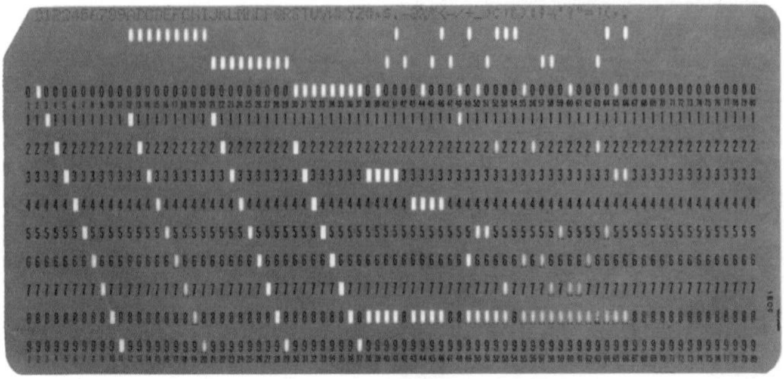

천공카드는 지폐만 한 크기의 종이테이프로
천공 위치는 가로 80자리, 세로 12단이 있다.

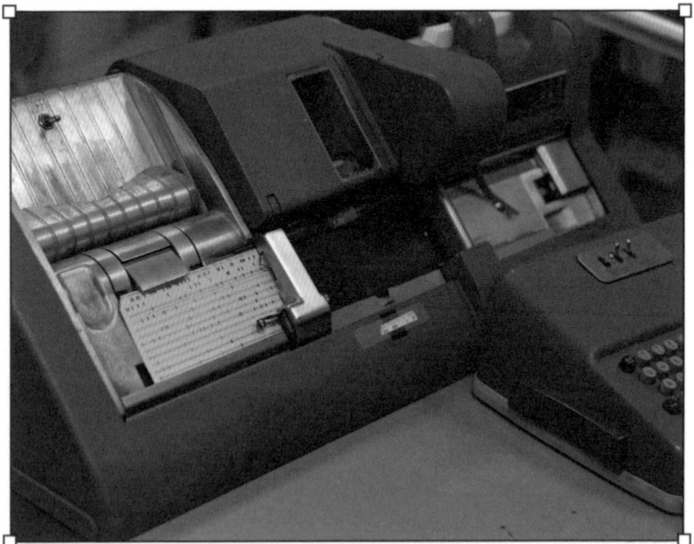

천공카드에 구멍을 뚫는 기계 IBM 026

각하면 이해하기 쉬울 거예요. 천공카드 외에 자기테이프 등 여러 가지 방법이 개발되었지만, 천공카드가 가장 널리 사용되었습니다.

천공카드를 사용하던 시기에 코딩은 결코 쉬운 일이 아니었습니다. 코더들은 0과 1로 이루어진 기계어로 코딩을 해야 했습니다. 코드를 작성하는 것도 물론 오래 걸렸지만 구멍을 뚫어가며 천공카드에 명령어를 하나하나 옮기는 것도 보통 번거로운 일이 아니었지요. 예를 들어 마이크로소프트 사의 윈도우 프로그램은 1,700억 개의 0과 1로 이루어져 있고, 이것을 A4 종이에 옮기면 그 높이가 4km에 달한다고 하는데요.[1] 천공카드를 쓰던 시대의 프로그램은 오늘날의 윈도우보다 적은 양의 코드로 구성된, 규모가 작은 프로그램이었음에도 까마득할 정도로 많은 수작업을 요했습니다.

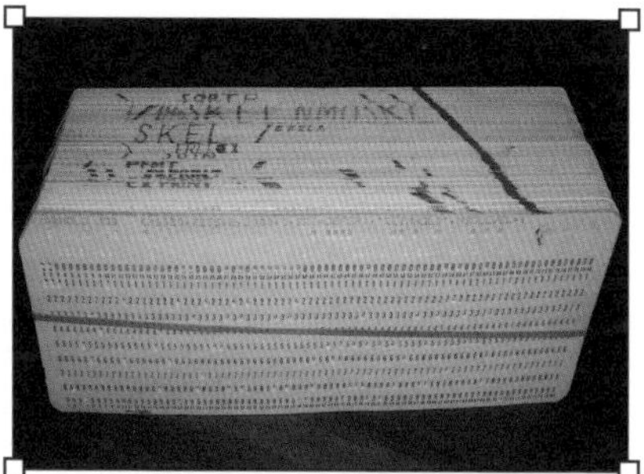

코딩한 천공카드 묶음의 옆면에
대각선을 그어 순서를 표시한 모습

게다가 프로그램은 천공카드 묶음으로 존재했을 테니 실수로 떨어뜨려 천공카드들이 뒤섞이기라도 하면… 상상만 해도 정말 아찔하네요. 이런 사고를 방

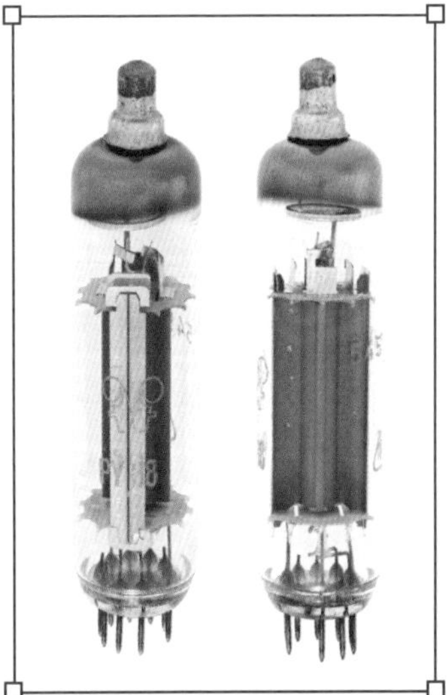

진공관

에니악의 일부

지하기 위해 이 시절 프로그래머들은 펀칭이 끝난 천공카드 묶음의 옆면에 대각선을 그어 코드의 순서를 표시하기도 했답니다.

한편 에니악은 진공관(진공 속에서 전자의 움직임을 제어하는 전기 장비)을 사용하는 전자식 컴퓨터였습니다. 에니악은 1만 8,000여 개의 진공관으로 이루어진 기계인데, 입·출력은 여전히 천공카드를 사용해야 했습니다. 또한 에니악으로 코딩할 때는 스위칭 소자와 케이블을 직접 배치하며 프로그램을 구현해야 했어요. 코드가 수정되면 케이블을 뽑아 배선을 다시 해야 했지요. 이 때문에 실행 결과를 확인하는 데에도, 코드를 수정하는 데에도 시간이 아주 오래 걸렸지요.

잘 알다시피 오늘날에는 코드를 작성할 때 대부분 컴퓨터 앞에 앉아 키보드로 작업합니다. 이따금 필요에 따라 종이나 화이트보드에 코드를 적어 내려갈 때도 있습니다. 코드를 어떻게 작성하면 좋을지 고민하고 설계할 때, 혹은 동료들과 함께 코드를 구상하는 회의에서 종이나 화이트보드를 활용하지요. 그러나 컴퓨터 프로그램을 작성하려면 키보드 앞에 앉아야 합니다. 키보드를 두드려 코드를 작성하고, 실행하고, 컴퓨터 화면으로 실행 결과를 확인하지요.

어떤 프로그램은 실행시키려면 성능이 아주 좋은 컴퓨터가 필요할 때도 있는데요. 그런 컴퓨터는 마크 I이나 에니악처럼 매우 크기도 합니다. 그렇지만 코드를 작성하고 실행하는 모습은 크게 다르지 않습니다. 왜냐하면 지금은 눈앞의 작은 컴퓨터 또는 노트북을 통해 대형 컴퓨터에 접속할 수 있거든요. 실제 프로그램은 아주 커다란 컴퓨터에서 동작하더라도, 개발자는 평범한 크기의 모니터와 키보드로 코딩 과정의 대부분을 진행할 수 있습니다.

기술 민주화를 이룬 호퍼의 발명

천공카드나 배선이 아닌 키보드와 함께 코딩을 할 수 있게 되기까지 무슨 일이 있었을까요? 프로그래밍의 시작에서 최초의 프로그래머 에이다 러브레이스를 빼고 이야기할 수 없다면, 프로그래밍의 발전에서는 그레이스 호퍼(Grace Hopper)를 빼놓고 이야기할 수 없습니다.

미국의 대학에서 수학을 가르치던 호퍼는 제2차 세계대전이 발발하자 자발적으로 해군에 입대합니다. 해군 장교가 된 호퍼는 하버드대학 내의 해군 연구소로 발령받았고, 하워드 에이킨(Howard Aiken) 소령과 마크 I을 만나게 됩니다. 에이킨은 찰스 배비지의 열렬한 추종자였고, 에이킨이 만든 마크 I은 배비지의 해석기관에 영감을 받아 만들어진 커다란 컴퓨터였어요.

마크 I과 그레이스 호퍼

마크 I은 IBM이 제작해 하버드대학에 기증한 것으로, 미 해군에 배치되어 전쟁 중 미사일 궤적 문제를 다루는 데에 활용되고 있었습니다. 지금은 컴퓨터를 개인, 기업, 국가 등 모든 영역에서 사용하지만 막 컴퓨터가 개발되던 당시에는 주로 군사적 목적으로 연구되고 사용되었거든요. 호퍼는 이런 기계를 다뤄본 경험이 전혀 없었지만 빠른 속도로 마크 I을 이해하고 문제를 풀어 나갔어요.

전쟁이 끝난 후 호퍼는 그간의 지식과 경험을 모아, 회로 다이어그램과 명령어 코드로 가득한 500쪽 분량의 마크 I 매뉴얼을 작성합니다. 이 매뉴얼은 기계의 물리적 구성 요소, 작동 방

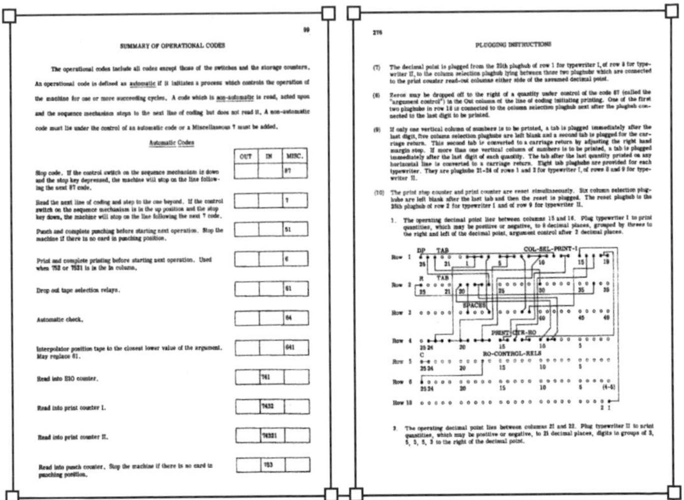

99

SUMMARY OF OPERATIONAL CODES

The operational codes include all codes except those of the switches and the storage counters. An operational code is defined as automatic if it initiates a process which controls the operation of the machine for one or more succeeding cycles. A code which is non-automatic is read, acted upon and the sequence mechanism steps to the next line of coding but does not read it. A non-automatic code must lie under the control of an automatic code or a Miscellaneous 7 must be added.

Automatic Codes

	OUT	IN	MISC.
Stop code. If the control switch on the sequence mechanism is down and the stop key depressed, the machine will stop on the line following the next 87 code.			87
Read the next line of coding and step to the one beyond. If the control switch on the sequence mechanism is in the up position and the stop key down, the machine will stop on the line following the next 7 code.			7
Punch and complete punching before starting next operation. Stop the machine if there is no card in punching position.			51
Print and complete printing before starting next operation. Used when 752 or 7521 is in the In column.			6
Drop out tape selection relays.			61
Automatic check.			64
Interpolator position tape to the closest lower value of the argument. May replace 61.			641
Read into EIO counter.		741	
Read into print counter I.		7432	
Read into print counter II.		74321	
Read into punch counter. Stop the machine if there is no card in punching position.		753	

276

PLUGGING INSTRUCTIONS

(7) The decimal point is plugged from the 25th plughub of row 1 for typewriter I, of row 8 for typewriter II, to the column selection plughub lying between those two plughubs which are connected to the print counter read-out columns either side of the assumed decimal point.

(8) Zeros may be dropped off to the right of a quantity under control of the code 87 (called the "argument control") in the Out column of the line of coding initiating printing. One of the first two plughubs in row 18 is connected to the column selection plughub next after the plughub connected to the last digit to be printed.

(9) If only one vertical column of numbers is to be printed, a tab is plugged immediately after the last digit, five column selection plughubs are left blank and a second tab is plugged for the carriage return. This second tab is converted to a carriage return by adjusting the right hand margin stop. If more than one vertical column of numbers is to be printed, a tab is plugged immediately after the last digit of each quantity. The tab after the last quantity printed on any horizontal line is converted to a carriage return. Eight tab plughubs are provided for each typewriter. They are plughubs 21-24 of rows 1 and 2 for typewriter I, of rows 8 and 9 for typewriter II.

(10) The print step counter and print counter are reset simultaneously. Six column selection plughubs are left blank after the last tab and then the reset is plugged. The reset plughub is the 25th plughub of row 2 for typewriter I and of row 9 for typewriter II.

1. The operating decimal point lies between columns 15 and 16. Plug typewriter I to print quantities, which may be positive or negative, to 8 decimal places, grouped by threes to the right and left of the decimal point, argument control after 2 decimal places.

2. The operating decimal point lies between columns 21 and 22. Plug typewriter II to print quantities, which may be positive or negative, to 21 decimal places, digits in groups of 3, 5, 5, 5, 3 to the right of the decimal point.

1946년 하버드대학 출판부에서 발간한 마크 I 매뉴얼[2]

법, 유지 보수 등에 관한 모든 정보가 들어 있는 세계 최초의 컴퓨터 프로그래밍 교과서입니다. 호퍼는 기술의 원리를 정확히 이해하고, 새로운 지식을 빠르게 습득하는 능력이 남달랐어요. 나아가 문제 해결을 위해 끈기 있게 노력하고, 지식을 문서로 정리해 쉽게 접근할 수 있도록 전파하는 호퍼의 뛰어난 재능은 프로그래밍의 발전에 아주 큰 역할을 했습니다.

호퍼는 수학 교수 시절, 학생들에게 수학 공식에 대한 에세이를 작성하게 해 수학 수업이 아니라 영어 수업이냐는 반발을 사기도 했어요. 그러나 호퍼는 단호하게, "다른 사람들과 의사소통을 할 수 없다면 수학을 배운다 해도 소용없다."[3]라고 말했습니다. 호퍼는 프로그래밍이 단순히 숫자와 기호로 이루어진, 세상과 단절된 학문이 아니며 세상과 소통하는 일이 중요하다고 생각했던 것입니다. 실제로 호퍼는 궤적 계산뿐 아니라 유체 흐름이나 날씨 패턴과 같은 과학적 문제를 수학 방정식으로 표현하는 것에 그치지 않고 자연어인 영어로 설명하는 데에 탁월한 능력을 보였습니다.

이러한 호퍼의 재능은 결국 프로그래밍의 접근성을 낮추는 데에 기여했어요. 해군 장교로서 전쟁 중에 수식을 다룰 때도, 전역 후 상업용 컴퓨터 회사에서 프로그래밍 언어를 개발할 때도 호퍼의 목표는 달라지지 않았습니다. 호퍼는 앞으로 소개할 코드 구문, 의사코드(pseudo-code), 서브루틴, 컴파일러 등(이 개념은 차차 설명하겠습니다)을 발명했지만 그가 프로그래밍 분야에 남긴 무엇보다 큰 유산은 '프로그래밍 민주화'[4]입니다.

프로그래밍이 민주화되었다는 것은 특별한 지식을 가진 소수의 사람이 아닌 모두가 프로그래밍에 쉽게 접근할 수 있게 되었다는 뜻입니다. 호퍼가 남긴 유산을 발판 삼아 프로그래머들은 0과 1을 표현하는 천공카드 대신 프로그래밍 언어로 대화할 수 있게 되었고, 누구나 프로그래밍을 할 수 있는 시대가 성큼 다가오게 되었습니다.

코드 구문과 의사코드

오늘날 개발자가 키보드로 작성하는 코드는 대개 우리가 읽을 수 있는 문자들입니다. 물론 코드를 이해하려면 프로그래밍 언어를 공부해야 하지만, 프로그래밍 언어 대부분은 알파벳을 기반으로 구성되어 있어 코드의 뜻을 짐작할 수 있는 경우도 많지요. 예를 들어 최근 널리 쓰이는 프로그래밍 언어 파이썬(Python)에서는 값을 화면에 출력하고 싶을 때 'print'라는 단어를, 참과 거짓을 나타낼 때 'True'와 'False'라는 값을 사용합니다.

하지만 컴퓨터는 결국 0과 1로 이루어진 세상에서 일한다고 했지요? 따라서 우리가 쓰는 프로그래밍 언어가 0과 1로 이루어진 수열로 번역되는 과정이 필요합니다. 이러한 번역이 오류 없이 이루어지려면 코드를 작성할 때 꼭 지켜야 하는 문법이 있습니다. 프로그래밍 언어의 종류에 따라 지켜야 하는 정도와 문법이 다르지만, 우리가 일상에서 친구들과 대화할 때 맞춤법을 틀려도 대강의 뜻을 이해할 수 있는 것과 달리 코드는 문법을 지켜야만 컴퓨터가 명령과 지시의 내용을 이해할 수 있습니다. 이러한 문법 구조를 코드 구문이라고 해요.

프로그래밍에 쓰이는 언어는 매우 다양합니다. 파이썬, 파스칼(Pascal), C, C++ 등 700여 개가 넘는 언어가 있지요. 그러나 어떤 언어이든 코드 구문, 즉 문법을 따라야만 합니다.

조금 더 자세히 살펴보자면 프로그래밍 언어는 어휘, 의미(semantics), 구문(syntax)으로 구성됩니다. 어휘는 식별자(identifier), 예약어(reserved word), 연산자(operator), 구분 기호(delimiter), 상수(literal), 주석(comment) 등을 포함합니다. 식별자는 변수의 이름과 같은 '이름'을 생성할 때 사용할 수 있는 문자 및 단어들입니다. 예약어는 이미 약속된 의미가 있어서 식별자로 사용할 수 없는 단어들입니다. 예를 들어 조건문을 작성할 때 'if'라는 예약어를 사용하는 언어에서는 식별자로 'if'를 사용할 수 없지요. 연산자는 덧셈이나 뺄셈과 같이 연산할 때 사용하는 기호나 단어를 의미하고, 구분 기호는 코드나 문자열을 구분하는 쉼표나 따옴표를 말합니다. 상수는 숫자나 문자로 이루어진 값 자체를 뜻하고, 주석은 코드 실행 시에는 영향이 없는 기록을 의미해요.

한편 의미는 단어 그대로 '의미'를 뜻합니다. 예를 들어 'a = 10'은 어떤 의미의 코드일까요? 정답은 프로그래밍 언어에 따라 다릅니다. 파스칼로 코딩했다면 a의 값을 10과 비교하는 문장입니다. a가 10이면 참, 10이 아니면 거짓을 나타내는 수식이지요. 반면 파이썬으로 작성한 코드라면 a라는 변수에 10을 저장한다는 동작을 뜻합니다. 이렇게 같은 형태의 코드라도 언어에 따라 의미가 달라질 수 있어요.

마지막으로 구문은 어휘를 쓰는 순서와 같은 규칙 구조를 말합니다. 한국어로 사랑을 고백할 때는 "나는 너를 사랑해"라고 말하지만, 영어로는 "I love you"라고 하지요. 사랑한다는 동사가 한국어는 마지막에, 영어에서는 주어 뒤에 나옵니다. 코드도 이와 같은 그 나름의 순서와 규칙이 있습니다.

예를 들어 C언어로 조건문을 작성할 때는 'if'라는 키워드로 시작해, 소괄호를 열고, 참 또는 거짓으로 결과를 나타낼 수 있는 수식을 적고, 소괄호를 닫아야 하지요. 또 다른 예를 들어 본다면, 파이썬으로 변수 a에 숫자 10을 저장하기 위해서는 a라는 변수를 적고, 등호를 적은 다음, 숫자 10을 적으면 됩니다. 이

C언어로 참 혹은 거짓을 판별하는 조건문	if (1 < 2)
파이썬으로 변수 a에 숫자 10을 저장하는 코드	a = 10

러한 규칙을 구문이라고 해요.

한국어로 "나는 사랑해 너를"이라고 말해도 우리는 그 의미를 이해할 수 있습니다. 하지만 코드의 세상에서는 규칙을 꼭 지켜야 합니다. 왜냐하면 엄격한 구문 규칙을 따라야만 의미의 모호성을 줄이고 프로그래밍 언어를 컴퓨터가 이해할 수 있는 명령어로 정확하게 번역할 수 있거든요. 예를 들어 '행복한 연주의 친구'라는 문장을 살펴봅시다. 여기서 행복한 사람은 연주가 될 수도 있고 연주의 친구가 될 수도 있습니다. 이처럼 하나의 문장이 여러 의미를 가질 수 있다면 대화나 소통이 어려워지겠지요.

코드는 이런 모호한 문장을 절대로 허용하지 않습니다. 혹은 규칙을 미리 정하고 서로 약속해 모호성을 없애곤 합니다. 행복하다의 주체는 '행복한'이라는 단어의 바로 뒤에 오는 사람이라고 규칙을 세우는 것이지요. 그렇다면 규칙에 따라 행복한 사람은 연주가 될 거예요. 마치 사칙연산처럼 말입니다. '1 + 2 × 3'의 결과는 무엇인가요? 정답은 9가 아니라 7이지요. 이 수식에 모호성이 없는 이유는 곱셈을 덧셈보다 항상 먼저 계산하기로 미리 약속해 두었기 때문입니다. 이렇게 구문 구조와 그 규칙 아래 코드는 약속된 동작을 수행하게 됩니다.

하지만 엄격한 구문을 따르며 코드를 작성하려면 에너지가 많이 듭니다. 길고 긴 글을 쓰기 위해 목차를 먼저 세워 글의 뼈

대를 만들어 본 적 있나요? 프로그래머도 복잡하고 긴 코드를 작성할 때 구문을 완벽히 따르는 소스 코드를 작성하기 전에 알고리즘을 알아볼 수 있는 정도의 간단한 형태로 코드를 설계해 보고는 합니다. 그렇게 하면 코딩 중에 발생하는 오류를 줄일 수 있고 동료들과 의견을 나누기도 용이하거든요.

이렇게 코드 구문의 엄격한 규칙으로부터 다소 자유로운

실행 목표	구구단 출력하기
의사코드	a를 2~9 반복: b를 1~9 반복: 출력: {a} * {b} = {a*b}

파이썬 코드	for a in range(2, 10):
	    for b in range(1, 10):
	        print(f'{a}*{b}={a*b}')

실행 결과	2*1=2 2*2=4 2*3=6 2*4=8 2*5=10 2*6=12 2*7=14 2*8=16 2*9=18 3*1=3 3*2=6 3*3=9 ...

간이 버전 코드를 의사코드라고 부릅니다. 의사코드로는 코드의 일부분을 그대로 쓰기도 하고, 한국어나 영어와 같은 자연어를 사용하기도 합니다. 구상한 알고리즘을 오해 없이 전달할 수 있는 형태라면 어떤 것이어도 괜찮아요.

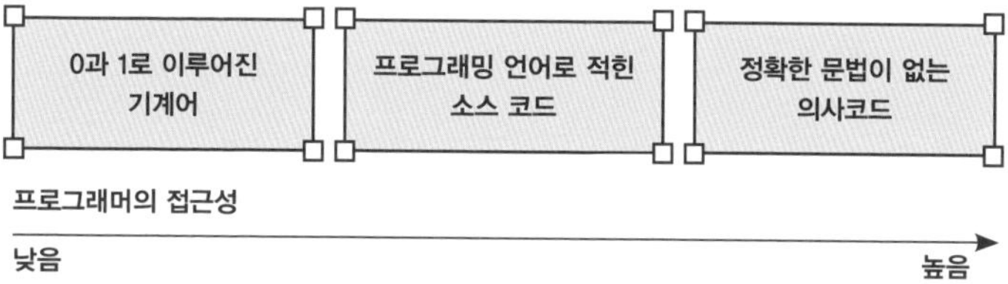

한편 컴퓨터로 해결하고자 하는 문제가 복잡해지고 코드의 규모가 커지며 프로그래밍 언어가 발전함에 따라, 프로그래밍 과정의 불편함을 해소하고자 코딩의 도구들도 발전했습니다. 이러한 코딩의 발전은 호퍼가 '서브루틴(subroutine)'과 '컴파일러(compiler)'를 발명하는 이야기에서 시작됩니다.

효율적인 코딩을 위한 서브루틴

1944년, 마크 I으로 프로그래밍하던 호퍼는 프로그래밍 과정을 더 편리하게 만들고자 서브루틴 개념을 고안했습니다. 서브루틴은 코드의 일부를 묶어 이름을 붙이고 재사용하는 개념입니다. 서브루틴을 사용하면 같은 동작을 여러 번 수행하게 할 수도 있고, 변수를 활용해 서브루틴의 동작을 거친 결괏값을 간편하게 만들 수도 있습니다.

예를 들어 쿠키를 만드는 방법(레시피)을 출력하는 서브루틴을 만들었다고 해 봅시다. 여기에 초콜릿을 입력하면 초코 쿠키 레시피를, 호두를 입력하면 호두 쿠키 레시피를 얻을 수 있을 거예요. 이처럼 서브루틴은 동일한 코드의 반복을 줄이고 역할에 맞는 이름을 부여해 간결하고 이해하기 쉬운 코드를 만드는 데에 도움을 줍니다. 코드를 작성하는 데에 걸리는 시간도 단축할 수 있지요.

프로그래밍의 세계에서 코드를 재사용한다는 것은 물질적 공간과 에너지가 필요한 현실 세계의 재사용과는 다릅니다. 자동차를 조립할 때 똑같은 바퀴가 네 개 필요하다고 해서 바퀴 하나로 재사용할 수는 없지요. 바퀴를 만드는 방법은 동일할 수 있겠지만 결국 네 개의 바퀴를 만들어야 합니다. 그렇지만 코딩에서 서브루틴을 재사용한다는 것은 하나의 코드 조각에 여러 번 접근한다는 의미일 뿐 새로 만드는 것은 아닙니다.

우리가 사는 집이 각각 주소를 가지는 것처럼 서브루틴 또한 컴퓨터 내 특정 주소에 저장되어 있는데요. 특정한 서브루틴을 재사용하고자 할 때 해당 주소로 접근해 동일한 코드를 수행하기만 하면 되는 것이랍니다. 물론 서브루틴에 접근해 코드를 실행하는 데에 쓰이는 컴퓨터의 리소스가 있겠지만, 꽤나 실질적 재사용이 가능한 것이지요.

서브루틴의 발명은 언제나 더 나은 문제 해결 방법을 찾고자 했던 호퍼의 기질, 그리고 프로그래밍 과정을 단순화하고 효율적인 코딩 시스템을 구축하려 한 호퍼의 노력이 결실을 맺은 것이었습니다. 서브루틴과 같은 개념이 없던 시절 프로그래밍 과정에서는 동일한 루틴을 컴퓨터에 반영하는 데 많은 시간과 노력을 반복해서 들여야 했습니다. 호퍼는 이 문제를 개선해 단순한 반복 작업에서 벗어나 문제 해결 자체를 더 고민하고 싶었지요.

서브루틴 개발을 두고 호퍼는 "아무도 나만큼 게으르지 않았기 때문에 누구도 나보다 더 일찍 생각해 내지 못했다."[5]라고 이야기하기도 했답니다. 실제로 개발자들 사이에서는 게으름이 시발점이 되어 편리한 프로그램이 개발되는 경우가 많습니다. 반복 작업이나 번거로움을 참지 못한 사람이 결국 팔을 걷어붙이고 프로그램을 만들면 동료들은 그 프로그램 덕분에 편리함을 누리게 되고, 그러다 또 다른 동료가 추가로 개선된 버전을 공유하며 프로그램이 발전하지요.

또한 호퍼는 새로운 문제 해결법에 관심이 많았어요. "항상 이렇게 해 왔다."라는 말을 가장 경계했지요. 그래서 호퍼는 자신의 사무실에 숫자가 거꾸로 적힌 시계를 걸어 놓고, 사고의 전환을 도모했다고 하네요.

그렇게 하버드대학의 코더들도 호퍼가 서브루틴을 발명한 이후 코드의 조각들을 공책에 모아 나갔고, 시간이 지나며 공책은 점차 코드로 가득 찼습니다. 이내 서로 다른 문제를 해결할 때도 코드의 조각을 재사용할 수 있다는 사실을 깨닫게 되면서 다른 사람의 공책을 빌리기도 하고 베끼기도 했어요. 비공식적

으로 코더들의 코딩 과정에 사용되던 서브루틴은 이후 마크 III에 순차 제어 테이프(sequence-control tape)로 구현되었고, 서브루틴을 모아둔 '서브루틴 라이브러리'를 공식적으로 사용할 수 있게 되었습니다.

서브루틴을 사용하면 코드를 효율적으로 작성할 수 있을

뿐만 아니라 코드의 구조가 보다 직관적으로 짜이면서 가독성이 높아지고 유지 보수가 용이해진다는 장점도 있었습니다. 나아가 서브루틴 개념이 발전하며 입력 값과 출력 값을 적극적으로 활용하는 지금의 함수에 이르게 되었고, 함수 호출 시 함수를 통과한 결괏값을 반환받아 사용할 수 있게 되면서 더 다양한 동작들을 간단히 구현할 수 있게 되었습니다. 그 덕분에 곳곳에서 반복해 발생하는 에러를 일관성 있게 처리하거나, 큰 프로그램을 작은 모듈로 분해해 개발과 관리를 용이하게 하거나, 여러 동작을 병렬로 수행해 효율적으로 프로그램을 만드는 등 거의 모든 곳에서 사용되는 기초 문법으로 자리 잡았어요.

재미난 이야기를 하나 더 들려드리자면, 서브루틴은 호퍼가 먼저 개념을 고안하고 사용했지만, 이 개념을 체계적으로 정의하고 논문으로 발표한 최초의 사람은 호퍼가 아니라 바다 건너 영국의 수학자 모리스 윌크스(Maurice Wilkes)였다는 겁니다.

미국의 토머스 에디슨과 영국의 조지프 윌슨 스원 경이 필라멘트 전구를 동시에 발명한 사실을 알고 있나요? 교류가 없는 서로 다른 지역의 발명가가 비슷한 시기에 똑같은 발명을 하는 경우는 역사적으로도 여러 사례가 있지요. 그런데 호퍼와 윌크스는 거기서 한발 더 나아가 프로그래밍을 연구하는 사람으로서 직접 만나 대화를 나누기도 했습니다. 두 사람은 프로그래밍의 중요성뿐 아니라 조직화된 프로그래밍 방법의 필요성에 깊이 공감했다고 해요. 서로 어떤 영향을 주고받았는지 정확히 알 수는 없지만, 분명한 것은 호퍼가 동료들과 함께 서브루틴 개념을 고안하고 실제로 사용하며 기계에 탑재했고 나아가 컴파일러를 발명함으로써 프로그래밍의 역사를 써 내려갔다는 사실입니다.

대화의 도구 컴파일러

서브루틴 라이브러리를 기계에 탑재하는 데에 성공한 호퍼는 서브루틴의 종류, 계산에 사용될 값, 메모리 등을 입력하면 자동으로 서브루틴을 조합해 프로그램을 생성하는 컴파일러 A-0를 고안했습니다. 이전에는 하나의 방정식을 푸는 데 작업 시간과 프로그램의 동작 시간을 합쳐 880분이 필요했으나, 컴파일러를 사용하면 그 작업을 50분 안에 마칠 수 있다는 놀라운 실험 결과가 소개되었지요.

이러한 발명이 처음부터 완벽했던 것은 아닙니다. 호퍼가 발표한 첫 컴파일러는 비판을 받기도 했어요. 컴파일러에 의해 생성된 코드는 전문가가 만든 코드보다 효율적이지 않아 프로그램의 동작 시간만 놓고 보면 너무 느리다는 이유였지요. 프로그램을 여러 번 수행할수록 컴파일러의 효용성이 낮아지는 문제가 발생하는 상황이었습니다. 특히 당시는 컴퓨터를 동작시키는 것이 사람이 움직이는 것보다 비용이 비싼 시대였기에 이것은 아주 큰 문제로 여겨졌어요.

하지만 호퍼와 호퍼의 동료들은 비판에 좌절하지 않고 컴파일러 연구를 계속해 컴파일러 A-2를 공개했습니다. A-2는 열두 문자가 한 줄로 구성된 의사코드를 작성하고, 의사코드를 기계어로 변환하는 기능이 내재되었습니다. 그런데 열두 문자로 이루어진 의사코드라고 하면 이는 지금의 자유로운 형태의 의사코드와는 조금 다른 형태입니다. A-2 컴파일러 설명서에 따르면 의사코드는 '프로그래머와 컴퓨터 사이의 의사소통을 쉽게 해 주기 위해 설계된, 기계어가 아닌 컴퓨터 언어'라고 정의되었습니다. '배우기 훨씬 쉽고 작성하기에 더 짧으면서 빠른 새로운 언어'라고 소개하기도 했지요.[6] 즉 오늘날의 소스 코드 역할을 한 것으로 보입니다.

서브루틴 라이브러리와 컴파일러의 개발은 0과 1로 이루어진 기계어로 직접 코딩하는 단계에서 프로그래머가 이해할 수 있는 언어로 코드를 작성하는 단계로 나아가는 순간이었습니다. 개발자 친화적이고 직관적인 프로그래밍을 위한 역사적인 걸음을 뗀 것이라 할 수 있지요.

A-2 컴파일러 의사코드	의미	A-2 컴파일러 의사코드	의미
AA0004 F00001	Add	AD0004 F00001	Divide
AS0004 F00001	Subtract	QZ0004 F00001	Test
AM0004 F00001	Multiply	YT0004 F00001	Print out

A-2 컴파일러 서브루틴 라이브러리에 있는 의사코드의 예[7]

오류 메시지	오류 메시지의 뜻
RINFOΔ WORD?R	단어가 검사를 통과하지 못함: 단어 변환 오류
RTΔMCH ΔINFOR	컴파일러는 60개 이상의 서술 단어를 저장할 수 없음: 메모리 용량 초과
RNOTΔI NΔLIBR	라이브러리에 없는 서브루틴을 호출하는 단어가 사용됨
ROPΔSE QΔOUTR	사용된 명령어 번호가 적절한 순서로 되어 있지 않음

A-2 컴파일러 오류 메시지의 예[8]

또한 A-2 컴파일러는 컴파일 과정에서 진행 단계에 대한 정보를 제공할 뿐 아니라, 오류가 발생했을 때 자동으로 오류를 표시해 줄 수도 있었습니다. 열두 개의 문자로 이루어진 한정된 오류 메시지였지만 이는 당시 코딩 과정에서 매우 큰 어려움이었던 코드의 오류 찾기, 즉 디버깅(debugging)을 도와주는 획기적인 기능이었어요. 코드를 디버깅하는 것이 지금과 같이 간편해지기까지, 그 기나긴 과정의 첫 시작에 호퍼와 호퍼 동료들의 연구가 있었던 것이지요.

최초의 컴파일러와 현재의 컴파일러는 기능상 많은 차이가 있지만 개념은 크게 다르지 않습니다. 오늘날의 프로그래밍에서도 컴파일러는 프로그램 개발에 필수적인 도구 중 하나이지요. 컴파일러는 프로그래밍 언어로 작성한 코드를 컴퓨터가 이해할 수 있는 기계어로 번역하는 역할을 합니다. 이렇게 코드 구문, 서브루틴, 컴파일러 등을 개발한 호퍼는 이후로도 프로그래밍 연구를 계속하여 '코볼(COBOL)'을 포함한 다양한 프로그래밍 언어를 발표하는 데 동참했습니다.

호퍼는 문제 해결의 도구로서 프로그래밍을 사용하는 데에 그치지 않고, 프로그래밍 과정 자체를 연구했습니다. 프로그래밍 과정에서 반복되는 부분을 제거하고, 코더의 실수를 줄이는 한편 프로그램의 실행 속도를 높이는 등 다양한 관점에서 프로그래밍 발전을 도모했지요.

이러한 호퍼의 발명 성과들과 가치관은 현대 프로그래밍 개념을 구성하고 문제 해결의 과정에도 큰 영향을 주었을 뿐 아니라 함께 성장하고 항상 더 나은 방향을 찾고자 하는 프로그래밍 분야의 문화가 형성되는 데에도 소중한 밑거름이 되었습니다. 호퍼의 별명은 '어메이징 그레이스'였는데요. 이 유명한 별명처럼 정말 놀라운 재능과 업적을 보인 프로그래머가 아닐 수 없습니다.

5

프로그래밍 언어와 글쓰기

목적을 갖고 태어난 프로그래밍 언어

한국어, 영어, 일본어, 독일어 등 세상에는 사람들이 서로 대화를 나눌 때 사용하는 다양한 언어가 존재합니다. 이를 자연어라고 불러요. 마찬가지로 컴퓨터와 대화하기 위한 프로그래밍 언어도 여러 가지가 있습니다.

유럽의 여러 언어가 라틴어에 뿌리를 두고 있으면서도 국가에 따라 다른 언어를 사용하는 것처럼, 프로그래밍 언어의 지도에도 뿌리와 가지가 있습니다. 뿌리가 같아서 구문이 비슷하거나 동작 원리가 비슷할 수 있지만, 가지를 뻗어 나간 만큼 각 언어의 고유함도 있어요. 즉 어휘, 의미, 구문이 프로그래밍 언어마다 모두 다릅니다.

그리고 자연어와 프로그래밍 언어는 탄생에서 차이가 있습니다. 프로그래밍 언어는 필요와 목적에 따라 인공적으로 만들어진 언어이기 때문에 자연 발생한 언어들보다 탄생의 목적과 배경이 분명한 편이지요.

우선 프로그래밍 언어는 크게 두 가지로 분류할 수 있습니다. 첫 번째는 0과 1로 이루어진 기계어나 기계어의 명령어에 대응하는 기호를 지원하는 어셈블리어와 같은 저수준 언어(저급 언어)입니다. 그리고 다른 한 가지는 파이썬, C언어와 같이 개발자가 이해하기 쉬운 프로그래밍 언어인 고수준 언어(고급 언어)이지요. 초창기 고수준 언어로 포트란(Fortran)과 코볼이 있었는데, 개발자가 이해하고 개발하기 쉬운 언어를 만들고자 하는 목적에서 탄생했어요. 즉 가독성, 유지 보수 편의성, 생산성 측면에서 강점을 지니도록 개발된 프로그래밍 언어입니다.

하지만 둘 사이에도 차이는 있습니다. 포트란은 과학용 언어를 목표로 개발되었고, 코볼은 비즈니스 영역에 초점을 두었어요. 그래서 포트란은 수식을 기계어로 변환하는 것이 큰 특징이었고, 실제로 사람이 기계어로 직접 코딩하는 것보다 포트란을 사용할 때 코드의 양이 줄고 가독성이 좋아졌습니다. 한편 코볼은 비즈니스 영역에서 활용되도록 고안됐기 때문에 영어와 비슷한 문법을 가지고 있었습니다. 따라서 대량 데이터를 다루는 업무 및 관리 분야에 사용하기 적합했고, 점차 사용자가 늘어

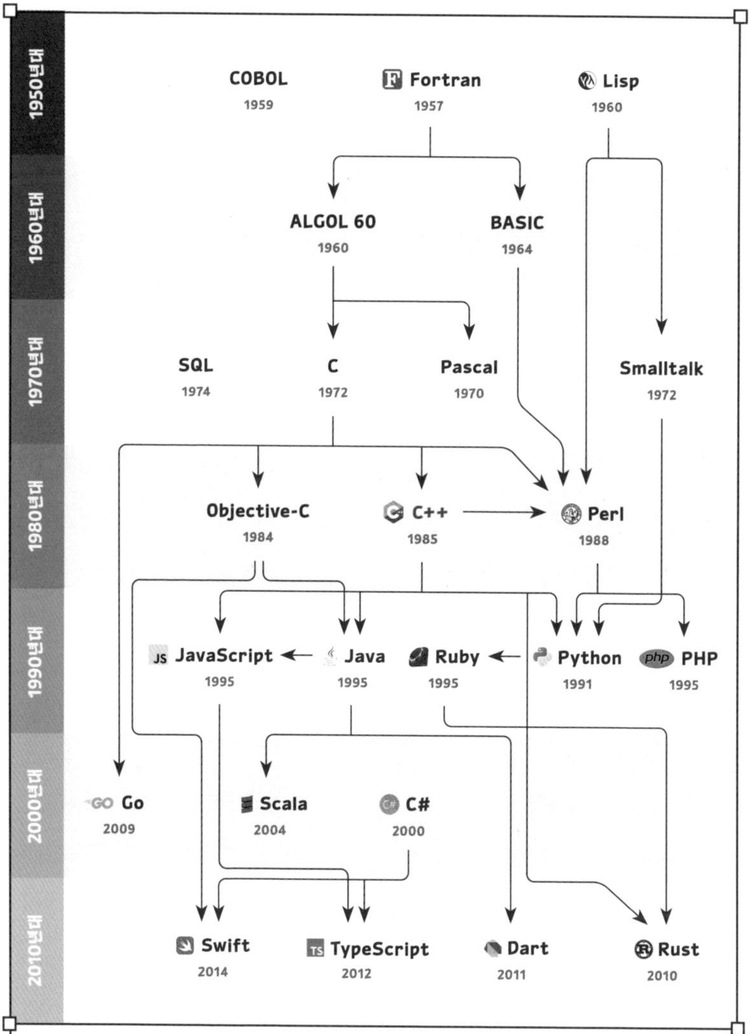

프로그래밍 언어의 변천사

나 1970년대에는 전 세계에서 가장 널리 쓰이는 프로그래밍 언어가 되었지요.

모든 프로그래밍 언어의 개발 목적을 아는 것보다도 목적에 따라 여러 언어가 만들어지는 과정에서 기존 언어들의 장단점이 새로운 언어의 설계에 영향을 주었다는 점을 이해하는 것이 중요합니다.

새로운 언어가 어떤 목적으로 개발되는지, 그 목적을 위해 어떤 특징이 필요하고 어떤 언어의 영향을 받는지, 그리고 이후 어떤 언어의 탄생에 영향을 주는지에 따라 언어의 족보를 그릴 수 있게 되었어요. 예를 들어 컴퓨터 공학을 전공하는 대학교 1학년 학생들이 흔히 배우는 C언어라는 것이 있는데요. C언어는 알골 60(Algol 60)이라는 프로그래밍 언어에서 뻗어 나온 언어입니다. 알골 60이 영향을 받은 언어들을 따라가다 보면 결국 포트란이 C언어의 뿌리라는 사실을 알 수 있답니다.

프로그래밍을 처음 배우는 사람들은 어떤 언어를 배워야 하는지를 곧잘 질문하곤 합니다. 최근 가장 인기를 얻고 있는 언어는 단연 파이썬입니다. 파이썬은 쉬운 코딩과 코드의 가독성에 중점을 두고 설계된 언어이기 때문에 프로그래밍 언어를 교육할 때도 좋고, 빠르게 프로그램을 개발하고자 할 때도 유용하거든요. 그러나 현재 인기가 많다고 해서 파이썬이 최고의 언어이거나, 파이썬을 배우는 게 정답이라는 뜻은 아닙니다. 만약 만들고자 하는 프로그램에서 실행 속도가 다른 무엇보다 중요하다면 빠른 실행 속도에 강점이 있는 C언어를 먼저 검토할 수 있겠지요. 그래서 어떤 언어를 배우는 것이 좋으냐 하는 질문에 대한 답은 여러분이 무엇을 만들고 싶은지, 어떤 특성을 가진 언어를 배우고 싶은지에 따라 달라질 거예요.

프로그래밍 언어도 시대에 따라 그 인기가 달라지고 해당 언어를 사용하는 사람의 수도 달라집니다. 지구 위의 자연어 또한 특정 언어를 사용하는 인구의 수가 변함에 따라 사라지는 경우가 있잖아요? 소수민족 언어 보전 운동을 펼치고 있는 미국의 '사멸위기언어연구소'에 따르면 2주에 하나씩 언어가 사라지고 있다고 합니다. 100년 후에는 세계 언어의 절반이 사라질 것이라고 예측하기도 했지요.[1] 프로그래밍 언어도 마찬가지로 쓰임새가 없어지면 더 이상 사용되지 않습니다. 수십 년이 지나도 널리 쓰이는 언어가 있고, 그렇지 않은 언어도 있지요.

만국의 공통어, 프로그래밍에는 국적이 없다

프로그래밍 언어의 또 다른 큰 특징은 초국가적이라는 점입니다. 물론 자연어도 영어, 스페인어처럼 하나의 언어가 여러 국가에서 사용되기도 하고, 이탈리아처럼 한 국가 내에서 다양한 언어를 쓰는 경우도 있지요. 그럼에도 국가, 지역, 인종, 민족 등에 따라 사용하는 언어가 제각각 다르고 사회문화적 영향으로 동일한 언어를 사용하는 군집이 형성되어 있습니다.

그러나 프로그래밍 언어는 자연어의 군집 형성과는 그 형태가 사뭇 다릅니다. 물론 프로그래밍 언어도 언어에 사용되는 문자(알파벳)나 예약어 등이 특정 자연어의 영향을 받는 경우가 있습니다. 그래서 지역적 특색이 생기기도 해요. 가령 사용자 대부분이 러시아에 있는 한 프로그래밍 언어는 러시아어 문자가 코드에 사용되기도 합니다. 그러나 상당수의 프로그래밍 언어는 영어 알파벳을 기반으로 만들어졌고 지역적 한계 없이 사용되고 있습니다. 바다 건너 멀리서 코딩하는 개발자와 내가 같은 언어를 사용하기도 하고, 바로 옆자리의 동료가 다른 언어를 사용하기도 하지요.

개발자는 프로그래밍을 하면서 검색을 정말 많이 합니다. 언어의 기본 문법을 살펴보기도 하고, 에러가 발생했을 때 해결 방법을 찾아보기도 하고, 구현하고자 하는 기능을 먼저 개발한 사람들이 작성한 코드를 구경하기도 하지요. 그렇기 때문에 세계적인 검색엔진인 구글 없이 코딩하기란 상상하기 어려운 일입니다. 중국에서는 사회·정치적 이유로 구글 접속이 원활하지 않은데, 그렇다면 세계에서 개발자의 코딩 작업이 가장 어려운 나라는 중국이 아닐까 하는 생각이 들 정도입니다.

또한 구글 외에 '스택 오버플로(Stack Overflow)'라는 아주 유명한 커뮤니티 사이트도 있습니다. 프로그래밍 관련 질문과 답변을 주고받는 사이트인데요, 사이트의 규모가 매우 크기 때문에 궁금한 점을 검색해 보면 이미 이전에 다른 사람이 올린 비슷한 질문이 있는 경우가 대부분입니다. 스택 오버플로에 없는 에러는 못 고친다는 이야기가 있을 정도이지요.

이렇게 인터넷을 통해 수많은 개발자가 국가와 지역을 가

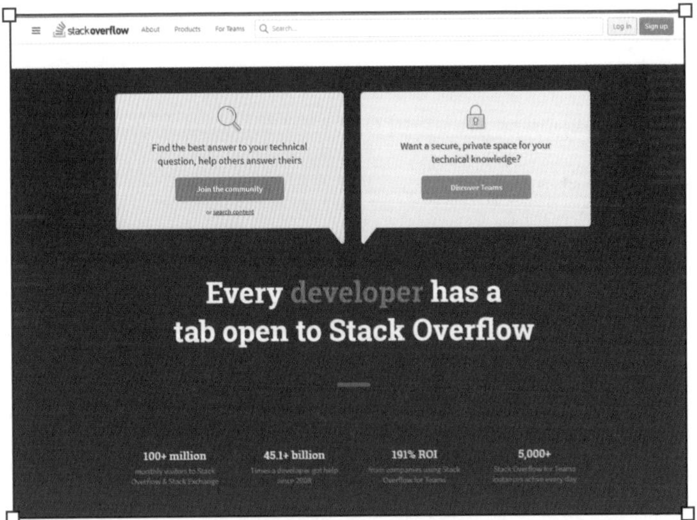

스택 오버플로 홈페이지의 첫 화면.
"모든 개발자는 스택 오버플로로 연결되는 창을 띄워 놓고 있다."라고 적혀 있다.

리지 않고 코드를 주고받기 때문에 재미난 일화도 생깁니다. 한국어만 할 수 있는 한국인 개발자가 문제를 해결하려고 검색하다 발견한 코드에 주석이 러시아어, 영어, 독일어 등으로 적혀 있기도 한데요. 그때엔 주석은 하나도 이해할 수 없지만 코드는 읽을 수 있는 상황이 벌어집니다. 마치 한국어와 영어를 할 수 있는 사람과 영어와 독일어를 할 수 있는 사람이 만나 영어로 의사소통을 하듯이, 개발자들은 코드로 함께 문제를 해결할 수 있습니다.

물론 사용하는 프로그래밍 언어가 같을 때의 이야기입니다. 서로 다른 프로그래밍 언어를 사용한다면 점심시간에 신나게 대화를 나눈 옆자리의 동료가 작성한 코드의 의미를 전혀 못 알아보기도 하니까요.

자연어는 같은 규칙과 문법을 따르는 언어일지라도 지역에 따라 사투리가 생기기도 하고, 무리에 따라 은어나 줄인 말 등이 생기기도 합니다. 그러나 프로그래밍 언어는 구문 규칙이 엄격히 정해져 있기 때문에 그것을 벗어난 또 다른 규칙이 자연스럽게 발생하지 않습니다. 문화에 따라 변수 이름이나 줄 바꿈의 위치와 같이 코드의 스타일이 생기는 때는 있지만, 그것이 언어의 동작과 관련되어 언어의 특성을 변화시키지는 않지요.

다만 언어의 버그를 고치거나 기능을 개선하고자 새로운 버전을 발표할 때 구문 규칙이 달라질 수 있습니다. 그래서 프로그램을 동작시킬 때는 어떤 언어로 작성되었느냐 하는 사항만이 아니라 어떤 버전인지도 중요하게 살펴야 해요. 일반적으로 프로그램의 버전은 '3.4.1'과 같이 세 개의 수와 두 개의 점을 사용하여 표현하는데요. 세 개의 수는 차례대로 주 버전(Major), 부 버전(Minor), 패치 버전(Patch)를 의미하며 변화의 정도에 따라 수를 바꿔가며 새로운 버전을 발표합니다.

보통 주 버전은 큰 변화가 있을 때, 부 버전은 기능의 추가나 변경이 있을 때, 패치 버전은 버그 수정과 같은 작은 수정이 있을 때 사용합니다.

파이썬은 주 버전이 2에서 3으로 바뀔 때 구문 규칙까지 많이 바뀌어 파이썬2로 작성된 코드를 파이썬3으로 실행시키면 동작하지 않기도 합니다. 이러한 프로그래밍 언어의 발전은 새로운 언어를 발표한 개인이나 회사 내에서 이루어지기도 하고, 오픈소스(코드가 공개되어 누구나 접근할 수 있고, 다양한 개발자의 참여로 발전하는 프로그램) 라이선스를 채택한 프로그래밍 언어는 여러 개발자가 함께 발전시켜 나가기도 합니다. 자연어가 자연스레 변화하는 것에 반해 프로그래밍 언어의 규칙 변화에는 개선 목적에 따른 명확한 변화만이 존재하는 것이지요.

코드에도 문체가 있다고?

프로그래밍 언어마다 장단점이 다르고 구문도 다르다는 것을 우리는 알고 있습니다. 당연히 언어마다 코드의 모양도 다르겠지요. 한국어와 중국어와 영어가 다르게 생긴 것처럼 말이에요. 그런데 같은 언어로 작성된 코드일지라도 코드를 작성하는 사람, 즉 프로그래머에 따라 그 모양이 달라지기도 한답니다. 같은 내용을 전달하고자 글을 쓰더라도 글을 쓰는 사람에 따라 다른 글이 작성되기 마련인데, 이는 사람마다 고유의 문체가 있기 때문이지요.

코드도 마찬가지입니다. 문제를 해결하는 방법은 동일하더라도 프로그래머에 따라 작성된 코드의 생김새가 달라질 수 있습니다. 만약 문제 해결의 방법이 정해지지 않고 문제만 주어졌다면 코드는 천차만별이 되기도 합니다. 그래서 컴퓨터 공학을 가르치는 학교에서는 학생들의 과제를 대상으로 표절 검사를 하기도 합니다. 정답이 하나로 정해져 있을 것만 같은 코드에도 표절이 있을 수 있다니 놀랍지 않나요? 숙제를 미처 못 한 학생이 친구의 답안을 베낄 때 표절 검사에 걸리지 않으려고 변수의 이름을 몇 개 바꾼다 하더라도 그 정도로는 표절 검사에서 벗어나기 어려울 거예요.

예를 들어 두 개의 수를 입력받아 곱을 출력하는 간단한 코드를 작성한다고 해 볼까요? 입력받는 변수의 이름을 어떻게 정할지, 입력을 바로 받을지 혹은 함수를 생성할지, 곱하는 과정에서 새로운 변수를 사용할지, 어떤 순서로 입력받은 수를 곱할지, 출력은 어떤 형태로 할지 등 다양한 선택이 모여 코드가 완성됩니다. 프로그램이 복잡해질수록 코드가 달라질 가능성도 기하급수적으로 커지겠지요.

코드	실행 결과
def mul(a, b) : return (a * b) a= int(input('첫 번째 수는 무엇인가요?')) b= int(input('두 번째 수는 무엇인가요?')) print (f'{a} * {b} = {mul(a, b)}')	첫 번째 수는 무엇인가요? 2 두 번째 수는 무엇인가요? 3 2*3=6

```python
num1, num2 = int(input('첫 번째 수:')), int(input('두 번째 수 :'))
print(f'곱셈 결과: {num1*num2}')
```

```
첫 번째 수:
2
두 번째 수:
3
곱셈 결과: 6
```

```python
a, b = input('두 개의 수를 띄어쓰기로 구분하여 입력하세요.').split()
print (f'({a} 곱하기 {b}의 결과는 {int(a)*int(b)}입니다.')
```

```
두 개의 수를 띄어쓰기로 구분하여 입력하세요.
2 3
2 곱하기 3의 결과는 6입니다.
```

```python
print('첫 번째 수를 입력하세요.')
in1 = int(input())
print('두 번째 수를 입력하세요.')
in2 = int(input())
ans = in1*in2
print(ans)
```

```
첫 번째 수를 입력하세요.
2
두 번째 수를 입력하세요.
3
6
```

```python
def input_num():
  return int(input('수를 입력하세요.'))

def print_mul(a, b):
  print(f'{a}*{b}={a*b}')

print_mul(input_num(), input_num())
```

```
수를 입력하세요.
2
수를 입력하세요.
3
2*3=6
```

두 개의 정수를 입력받아 곱을 출력하는 파이썬 코드들과 그 실행 결과. 입력받은 값에 수가 아닌 문자가 들어 있는 등 잘못된 값이 들어 있지 않다는 가정으로 작성한 간단한 코드다. 만약 입력 값에 대한 검증 절차를 추가한다면 어느 위치에서 어떤 방식으로 입력 값이 올바른 값이라고 판단할 것인지, 잘못된 값이 입력되었다면 어떻게 대응할 것인지 등에 따라 아주 다양한 코드가 작성될 수 있다.

코드의 가독성

코드에도 문체가 있다니, 그렇다면 코드는 글이고 코딩은 글쓰기일까요? 코딩과 글쓰기에는 생각보다 비슷한 구석이 많습니다. 한 차례 완성한 글을 다시 다듬어 고치는 작업인 퇴고를 해본 적 있나요? 퇴고를 거듭할수록 읽기 좋은 글이 되기 마련입니다. 오타가 줄고, 전달력이 높아지고, 문장이 멋있어지고, 흐름이 매끄러워지지요.

코드도 마찬가지로 퇴고를 할 수 있습니다. 퇴고를 한두 번만 하더라도 작은 수정들이 모여 큰 변화를 만들 수 있어요. 눈으로 코드를 읽어 내려가며 버그를 수정하고, 읽기 쉬운 코드가 되도록 띄어쓰기와 줄 바꿈도 넣고, 변수의 이름을 의미 있는 이름으로 바꿀 수 있지요.

특히 코딩 중 변수, 함수 등의 이름을 짓는 과정은 정말 중요합니다. 코드의 변수가 어떤 값을 저장하는지, 어떤 역할을 하는 코드인지 이름을 통해 표현할 수 있거든요. 주제가 담긴 소제목을 보고 글의 내용을 짐작한 후 글을 읽으면 더욱 잘 이해할 수 있는 것처럼 말이에요.

의미 없는 변수 명을 사용하는 코드

```
def 함수1() :
   상수1 = 6
   변수1 = int(input('현재 대출한 권수를 입력하세요: '))
   변수2 = 상수1 - 변수1
   print(f'{변수2}권 대출 가능합니다.')

함수1( )
```

의미 있는 변수 명을 사용하는 코드

```
def 얼마나_대출가능한가요() :
   총_대출가능_권수 = 6
   현재_대출한_권수 = int(input('현재 대출한 권수를 입력하세
   요: '))
   남은_대출가능_권수 = 총_대출가능_권수 - 현재_대출한_권수
   print(f'{남은_대출가능_권수}권 대출 가능합니다.')

얼마나_대출가능한가요( )
```

실행 결과

```
현재 대출한 권수를 입력하세요:
4
2권 대출 가능합니다.
```

총 여섯 권을 대출할 수 있는 도서관에서 현재 대출 중인 권수를 입력받아 남은 대출 가능 권수를 출력하는 함수. 변수 명을 제외하고는 동일한 코드이지만 의미 없는 변수 명을 사용하면 어떤 역할을 하는 함수인지 이해하기가 어렵다.

한 동료는 코딩할 때 가장 고민을 많이 하는 시간이 이름 짓는 시간이라며 이름 짓기의 어려움을 토로하기도 했답니다. 심지어 사내 온라인 커뮤니티에 변수의 역할을 설명한 후 이름을 어떻게 지으면 좋을지 고민을 올리는 작명소 역할의 게시판이 있을 정도니 개발자들이 얼마나 고민하는 부분인지 짐작이 가지요?

퇴고보다 조금 더 적극적으로 코드를 개선하는 '리팩토링'이라는 개념도 있습니다. 작가가 좋은 이야기를 쓰는 방법 가운데 하나는 초고를 보지 않고 빈 종이에 처음부터 다시 글을 쓰는 방법이라고 합니다. 그렇게 하면 문장 하나하나는 물론, 이야기의 흐름도 달라질 수 있고 결말마저 바뀌기도 한다고 해요. 그 과정에서 초고와는 다른 글이 완성되고, 더 좋은 이야기를 얻을 수 있다고 합니다. 리팩토링은 이와는 조금 다르게, 결말은 그대로 두고 코드의 구조만 다시 세우는 것입니다. 겉으로 드러나는 코드의 기능을 바꾸지 않고 내부 구조를 개선하는 수정 방식이지요. 코드의 가독성과 유지 보수의 편의성을 높이기 위한 작업입니다.

항상 바쁘게 기능을 개발해야 하는 일정 속에서 리팩토링에 시간을 쏟는 것은 사실 어려운 일입니다. 하지만 리팩토링은 많은 개발자가 원하는 이상적인 작업이기도 해요. 지금 당장이야 코드를 읽기 어려운 것이 큰 문제가 되지 않지만 시간이 흐르고 여러 동료의 작업이 쌓여가다 보면 나중에는 그것이 커다란 문제로 다가오기도 하거든요. 방에 떨어진 과자 부스러기 하나를 줍는 것은 어렵지 않지만, 한 달 동안 치우지 못한 방을 청소할 때 도대체 어디서부터 시작해야 할지 막막한 것처럼 말입니다.

코드의 가독성이 중요한 이유는, 사실 코드를 작성하는 시간보다 코드를 읽는 시간이 훨씬 많기 때문입니다. 프로그램의 기능을 새롭게 개발할 때는 새로운 코드를 작성하겠지요. 그렇지만 개발했던 기능에 버그가 있다면, 혹은 기존의 기능을 수정하거나 기존 코드에 덧붙여 새로운 기능을 추가해야 한다면 이전에 작성했던 코드를 읽고 이해하는 작업이 먼저입니다. 코드를 작성한 사람은 한 명이지만 코드를 읽는 사람은 100명이 넘을 수도 있답니다. 과거에 본인이 작성한 코드를 읽고 이해해야 할 때도 있고, 동료가 작성한 코드를 마주할 때도 있지요.

그래서 코드를 읽는 사람을 위해 주석을 달기도 합니다. 주석의 형식은 언어에 따라 다를 수 있습니다. 대체로 단일 라인 주석과 다중 라인 주석을 지원합니다. 주석이 코드의 진행에 방해가 되지 않도록 특정 기호를 주석 앞이나 뒤에 붙여 표시하지요.

	인라인	단일 라인	다중 라인
파이썬	코드 # 주석 내용	코드 # 주석 내용	코드 ''' 주석 내용 주석 내용 '''
C++	코드 // 주석 내용	코드 // 주석 내용	코드 /* 주석 내용 주석 내용 /*

단일 라인은 한 줄, 다중 라인은 여러 줄의 주석을 작성할 때 사용하며 인라인 주석은 코드와 같은 줄에 이어서 작성할 때 사용한다. 파이썬은 공식적으로 다중 라인을 지원하지 않지만 기호 '''를 통해 코드 동작에 영향을 주지 않으면서 주석을 작성할 수 있다.

코드를 단순히 번역하거나 변수 또는 함수의 이름으로도 충분히 전달할 수 있는 내용을 주석에 적을 필요는 없습니다. 하지만 코드의 출처가 된 외부 사이트를 적거나, 코드를 이해할 때 필요한 배경지식, 코드를 이렇게 작성한 이유를 써두면 코드를 이해하는 데에 도움이 많이 되기 때문에 친절하고 적절한 주석은 좋은 코드를 만드는 데에 중요한 부분입니다. 이 또한 개발 일정이 바쁜 현실에서는 리팩토링처럼 그저 이상적인 작업으로만 여겨지기도 하지만요.

실행 목표	한 박스에 열 개씩 들어 있는 과자를 한 사람이 두 개씩 꺼내 먹는다고 할 때, 현재 가진 과자 박스 수를 입력하면 총 몇 사람이 먹을 수 있는지 구하기
좋은 주석의 예 (코드를 작성한 이유가 드러나는 주석)	cookie = int(input('현재 가진 과자 박스 수를 입력하세요.')) ''' 과자 박스에 든 과자 개수: 10개 한 사람이 먹는 과자 개수: 2개 ''' people = cookie * 10 // 2 print(f'{people}명의 친구가 과자를 먹을 수 있습니다.')
나쁜 주석의 예 (코드를 그대로 번역한 주석)	cookie = int(input('현재 가진 과자 박스 수를 입력하세요.')) ''' 입력받은 과자 박스 수에 10을 곱하고 2로 나눈다. ''' people = cookie * 10 // 2 print(f'{people}명의 친구가 과자를 먹을 수 있습니다.')
실행 결과	현재 가진 과자 박스 수를 입력하세요. 3 15명의 친구가 과자를 먹을 수 있습니다.

파이썬으로 작성한 코드와 주석. 남색 글씨가 주석이다.

개발자도 글을 쓴다

물론 현실에서 프로그래머가 작성하는 글에 코드만 있는 것은 아닙니다. 이메일이나 사내 게시판에 올릴 글처럼 의견을 나누고 협업하는 데 필요한 일반적인 업무용 글을 작성하기도 해요. 그리고 무엇보다 프로그램을 둘러싼 기술 문서를 작성하는 일이 중요합니다.

기술 문서는 프로그램을 소개하고 프로그램의 사용에 도움을 주는 문서입니다. 프로그램의 기능을 코드만 보고 이해하려면 시간과 노력이 많이 필요하기 때문에, 여러 사람이 사용하는 코드 혹은 프로그램이라면 기술 문서를 작성하는 것이 권장됩니다. 프로그램을 다루는 개발자를 위한 가이드, 프로그램의 업데이트 내역, 사용자를 위한 매뉴얼 등이 기술 문서에 해당합니다.

하지만 기술 문서가 없어도 프로그램의 동작에 문제가 없어서인지 기술 문서가 빈약하거나 아예 없는 프로그램도 많습니다. 그래서 공식 매뉴얼이 친절하고 풍부하게 잘 만들어져 있으면 그것 자체로 해당 기술의 큰 장점이 되기도 합니다. 하나의 프로그램을 만들 때 처음부터 끝까지 새로 개발하기도 하지만, 이미 만들어진 프로그램을 활용하는 경우가 더 많거든요. 게다가 비슷한 동작을 지원하는 프로그램도 종류가 다양하기 때문에 어떤 프로그램을 활용해 개발할지 선택해야 하는 순간이 찾아옵니다. 그 선택의 순간에, 프로그램에 딸린 기술 문서가 탄탄하다면 내가 만들려는 프로그램에 기술을 빠르게 적용할 수 있고 앞으로의 유지 보수에도 도움이 될 것이라는 신뢰감을 갖게 되지요. 그래서 기술 문서가 잘 작성된 프로그램을 선택하게 되기도 해요.

최근에는 기술 문서 작성을 전문으로 하는 '테크니컬 라이터(technical writer)'라는 직업도 생겨났습니다. 프로그램의 규모가 커지면서 프로그램을 둘러싼 직업 또한 점점 다양해지고 있어요. 앞서 호퍼가 마크 I 매뉴얼을 집필했던 이야기를 했던 것, 기억하나요? 이처럼 이전에는 문제 해결 과정과 기술 문서 작성, 테스트 등 다양한 업무가 특정 직무로 구분되지 않았습니다. 하지만 기술 문서의 중요성에 공감하는 회사들이 하나둘 테크니

N A M E

컬 라이터라는 역할에 주목하기 시작했습니다.

기술 문서를 잘 작성하려면 기술에 대한 이해뿐 아니라, 개발자를 포함해 프로그램을 둘러싼 모든 동료와 원활하게 소통하며 명확하고 간결한 글을 작성하는 솜씨가 필요합니다. 코딩을 잘하는 사람도 기술적 글쓰기에서는 어려움을 겪을 수 있고, 기술적 글쓰기를 잘하는 사람도 코딩은 어려워할 수 있지요. 물론 사내에 테크니컬 라이터가 있다고 해도 모든 기술 문서를 테크니컬 라이터가 작성하는 것은 아니기 때문에 개발자에게도 글쓰기와 의사소통 역량은 매우 중요합니다. 협업의 모든 과정에서 글쓰기와 말하기, 듣기가 필요하니까요.

결국 코드는 읽히는 글이고, 프로그램은 누군가에 의해 사용될 때 비로소 의미를 가집니다. 그리고 프로그램의 개발 과정은 여러 동료가 함께하는 경우가 많지요. 개발자의 모습을 떠올릴 때 혼자 모니터 앞에 앉아 코드를 작성하는 모습이 상상되더라도, 혹은 당장은 주위의 동료들과 협업하지 않는 것처럼 보이더라도, 프로그래밍은 결국 미래의 자신 혹은 동료들과 함께하는 과정이 아닐까요.

6

벌레를 잡아라, 코드의 수정

끊임없이 실패하는 코드

코드 작성이 익숙하지 않은 사람들은 숙련된 개발자들이 코드를 뚝딱뚝딱 작성할 거라고 상상할 텐데요. 현실이 그렇게 호락호락하지는 않습니다. 개발자는 자신이 작성한 코드를 실행시켰을 때 첫 시도에 코드가 성공적으로 동작하면 으레 놀라기 마련이거든요. 개발자들은 코드가 자신의 생각대로 동작하지 않는 상황에 아주 익숙합니다. 물론 오류 메시지가 잔뜩 나오면서 프로그램의 동작이 중단되어도 놀라기 마련이지만, 오류 메시지 하나 없이 기대했던 결과가 화면에 출력되어도 놀라지요. 개발자들은 모니터 가득 오류 메시지가 출력되거나, 예상하지 않았던 결과가 나타나는 실패의 경험이 너무나도 많거든요. 그래서 개발자들끼리 하는 농담 중에 코드가 동작하지 않을 때도 이유

"이게 안 되네, 왜지?"(왼쪽), "이게 되네, 왜지?"(오른쪽)라고 중얼거리는 개발자의 모습. 출처는 명확하지 않지만, 많은 개발자의 공감을 사며 널리 퍼진 인터넷 밈이다.

를 모르지만, 동작할 때도 이유를 모른다는 이야기가 있습니다.

코드가 작성자의 의도대로 동작하지 않는 이유는 다양합니다. 먼저, 코드를 설계하는 단계가 잘못되었을 수 있습니다. 그리고 컴퓨터의 메모리가 부족하거나 프로그램이 필요한 공간에 접근할 수 없는 경우 등 코드 외적인 이유로 프로그램에 문제가 생기기도 해요. 또한 설계 단계에서는 문제가 없었지만 코드를 작성하는 과정에서 문제가 생겼을 수 있습니다. 오타가 있을 수도 있고, 문법에 맞지 않는 구문을 사용했을 수도 있지요.

몇 천 줄의 코드에서 단 한 글자가 잘못되어 동작하지 않는 경우도 종종 있습니다. 실제로 개발자들은 자신이 작성한 코드의 오타를 발견하지 못해 숨은그림찾기라도 하듯 몇 시간 동안 코드를 바라보기도 합니다. 겨우 오타를 찾아내고는 허망함을 느낄 때도 있어요. 오타가 보이지 않을 때는 옆자리의 동료에게 도움을 요청하기도 합니다. 이상한 마법에 걸린 것처럼, 자신이 작성한 코드의 오타는 도통 보이지 않아도 다른 사람이 작성한 코드의 오타는 순식간에 찾아내기도 하거든요. 혹은 내일의 나에게 해결을 맡기고 코딩을 멈추면, 신기하게도 다음 날 의자에 앉자마자 오타를 발견하기도 합니다.

그렇지만 길고 긴 코드에서 오타 하나를 어떻게 찾을까 낙담할 필요는 없습니다. 반가운 소식을 하나 전하자면, 컴퓨터가 함께 문제를 찾아 주기도 하거든요. 개발자의 실수로 오류가 있는 코드를 작성했더라도 컴퓨터가 문제를 인식했다면 개발자에게 어떤 문제가 어디에서 발생했는지 오류 메시지를 보여 줍니다. 이때 개발자는 컴퓨터가 알려 준 오류 메시지를 보물지도 삼아 잘못된 문제를 파악하고 해결하지요.

하지만 오류 메시지가 없다고 해서 안심할 수 있는 건 아닙니다. 왜냐하면 컴퓨터가 알아차릴 수 있는 문제의 범위와 개발자가 문제라고 인식하는 범위가 다르거든요. 가령 문법이 틀리는 것은 컴퓨터가 인식할 수 있기에 오류 메시지가 출력됩니다. 그러나 개발자의 의도에 따라 정답이 될 수도 있고 오답이 될 수도 있는 코드는 컴퓨터가 문제인지 아닌지 판단할 수가 없어요.

서로 다른 두 수를 입력받아 둘 중 큰 수를 출력하는 코드를 작성한다고 해 봅시다. 조건문을 사용해 첫 번째 수가 두 번

main.cpp

```cpp
#include <iostream>


int main()
{
    std::cout << "Hello World" << std::endl

    return 0;
}
```

문법에 맞지 않는
C++ 코드

console

```
Compilation failed due to following error(s).

main.cpp: In function 'int main()':
main.cpp:6:44: error: expected. ';' before 'return'
    6 |     std:: cout << "Hello World" << std::endl
      |                                             ^
      |                                             ;
    7 |
    8 |     return 0;
      |     ~~~~~~
```

main.cpp

```cpp
#include <iostream>


int main()
{
    std::cout << "Hello World" << std::endl;

    return 0;
}
```

문법에 맞는
C++ 코드

console

```
Hello World

...Program finished with exit code 0
Press ENTER to exit console.
```

'Hello World'를 출력하고자 하는 코드. 위쪽 코드는 여섯 번째 줄의 끝에 세미콜론(;)이 없다. 이것은 C++의 문법에 맞지 않기 때문에 오류 메시지가 나타난다. 오류 메시지에는 컴퓨터가 오류라고 인식한 이유와 오타의 위치가 적혀 있다. 반면 아래쪽 코드는 문제없이 'Hello World'가 출력되었다.

째 수보다 크면 첫 번째 수를 출력하고, 그렇지 않으면 두 번째 수를 출력하는 코드를 작성할 수 있을 거예요.

그런데 개발자의 실수로 첫 번째 수가 두 번째 수보다 크면 두 번째 수를 출력하는 코드를 작성하면 어떻게 될까요? 컴퓨터는 코드 구문에 문제가 없다면 정직하게 주어진 코드를 수행하기 때문에 작은 수를 화면에 출력하게 됩니다. 대신 실수를 알아차리지 못한 개발자가 보기에는 엉뚱한 결과가 나오는 상황이 된 것이죠. 물론 개발자의 의도가 처음부터 작은 수를 출력하는 것이었다면 문제가 없는 코드였겠지요. 그러나 우리는 큰 수를 출력하고자 했기 때문에 이는 잘못된 코드입니다.

어른들이 "세상 사는 게 마음처럼 되지 않는다."라고 이야기하는 것을 들어 본 적 있나요? 혹은 원하는 대로 상황이 굴러가지 않았던 경험이 있나요? 코드를 마주하는 개발자들도 이런 생각을 자주 한답니다. 원하는 결과 대신 오류 화면이 뜨거나, 문제가 없는 코드로 판단해서 배포했더니 나중에 오류가 발견되어 긴급하게 대응해야 하는 상황을 겪기 마련이지요.

큰 수를 출력하는 코드

```
1  a = int(input('첫 번째 수를 입력하세요: '))
2  b = int(input('두 번째 수를 입력하세요: '))
3
4  if a > b:
5      print(a)
6  else:
7      print(b)
```

작은 수를 출력하는 코드

```
1  a = int(input('첫 번째 수를 입력하세요: '))
2  b = int(input('두 번째 수를 입력하세요: '))
3
4  if a > b:
5      print(b)
6  else:
7      print(a)
```

네 번째 줄 조건문의 결과가 참인 경우 다섯 번째 줄의 출력을 실행하는 코드. a가 b보다 큰 상황에서 큰 수를 출력하기 위해서는 a를, 작은 수를 출력하기 위해서는 b를 출력하도록 코드를 작성해야 한다.

하지만 오류 페이지와 실행 실패를 거듭 만나는 것이 잘못이거나 문제는 아닙니다. 다만 마주한 실패에 일희일비하지 않고 씩씩하게 해결해 나가는 것이 중요하지요. 마치 우리가 삶에서 실패를 경험하며 성장해 가듯이 말입니다. 어쨌든 개발자는 결국 '마음처럼 되는 세상'을 스스로 만들어 나가는 사람이라고 말할 수 있을 거예요. 개발을 거듭할수록 원하는 결과를 만드는 일에 점점 가까워지고 있을 테니까요.

세계 1호 버그

앞에서 소개한 경우들을 포함해, 개발자의 의도대로 코드가 동작하지 않는 문제 상황을 모두 '버그(bug)'라고 부릅니다. 소프트웨어 오류를 처음 버그라고 지칭한 사람은 그레이스 호퍼였습니다. 앞서 살펴본 것처럼 호퍼는 설명서도 선생님도 없었지만 마크 I을 빠르게 이해해 그 매뉴얼을 작성했지요. 나아가 마크 I의 다음 버전인 마크 II 개발에도 참여하게 되었습니다.

1945년 어느 날, 하버드대학의 마크 II 컴퓨터가 멈추는 바람에 호퍼는 고장 원인을 찾아 컴퓨터를 살펴보게 됩니다. 당시 마크 I의 부품이 75만 개였다고 하니 아마 마크 II 역시 부품과 전선이 가득한 아주 크고 복잡한 기계였겠지요. 그 속에서 호퍼는 큰 나방을 한 마리 발견하게 됩니다. 벌레가 기계 부품에 붙

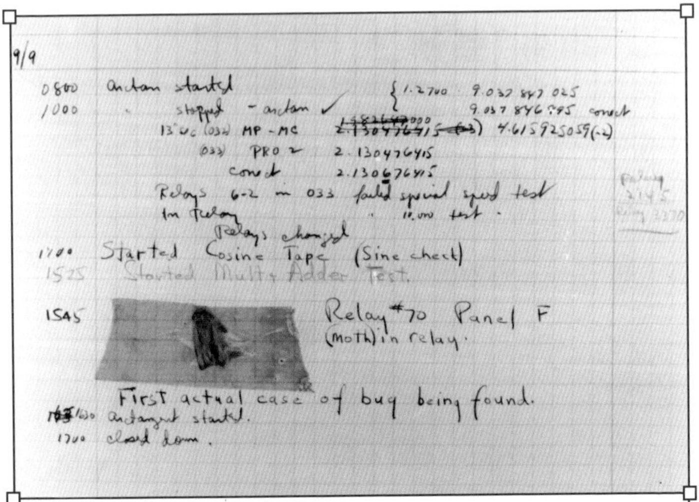

그레이스 호퍼의 노트에 남은 최초의 버그

어 컴퓨터가 고장 난 것이었지요. 호퍼는 이 나방을 작업 일지에 스카치테이프로 붙이면서 '버그(벌레)가 발견된 첫 번째 사례'라고 적었습니다.

또한 어느 인터뷰에서는 버그를 찾아 문제를 해결하는 과정을 '디버깅(debugging)'이라고 지칭했지요. 토머스 에디슨(1847~1931)이 사용한 기록이 있을 정도로, 엔지니어들이 기계의 오작동을 버그라고 부른 지는 오래되었지만, 이 용어가 컴퓨터와 프로그래밍에서 대중적으로 사용된 것은 바로 호퍼 덕분이 아닌가 합니다. 만약 여러분이 프로그래밍 툴에서 벌레 모양의

디버깅을 검색했을 때 결과로 나오는 아이콘들. 벌레가 그려져 있다.

버튼을 발견한다면 아마도 그것은 디버깅 버튼일 거예요.

최초의 프로그램 버그가 실제 나방이었던 것에서 알 수 있듯이 옛날에는 하드웨어 버그가 자주 발생했습니다. 크고 복잡한 기계였던 컴퓨터는 거듭된 물리적 작동으로 부품이 닳거나 부품 사이에 이물질이 들어가 고장과 오작동을 일으키곤 했어요. 또한 프로그래밍 언어가 발전하기 전이었기 때문에 명령어를 매우 세세한 단계로 작성해야 했고, 이에 따라 코딩 과정에서도 버그가 많았습니다. 심지어는 명령어를 컴퓨터가 읽을 수 있도록 기록하는 단계에서도 버그가 발생할 여지가 가득했지요.

그에 반해 요즘의 개발자들은 소프트웨어 버그를 더 자주 접합니다. 호퍼는 때로 전선 사이사이를 살피며 디버깅을 해야 했지만, 오늘날 우리는 컴퓨터 화면을 바라보며 키보드를 두들겨 디버깅을 하지요. 과거의 대표적 버그가 나방이나 전선의 꼬임이었다면, 오늘날의 대표적 버그는 어떤 것이 있을까요?

코드 속에 사는 벌레

계산기에서 특정한 수를 0으로 나누어 본 적이 있나요? 주변에 혹시 계산기가 있다면 아무 수나 입력하고 0으로 나누기를 시도해 보세요. '오류', '0으로 나눌 수 없습니다', 'ERR' 등의 메시지가 뜰 거예요. '0으로 나누기'란 수학적으로 성립하지 않는 개념이기 때문입니다.

컴퓨터에게도 어떠한 수를 0으로 나누는 것은 문제 상황입니다. 컴퓨터는 나눗셈의 몫을 구할 때 나머지가 나누는 수보다 작아질 때까지 뺄셈이 몇 번 가능한지를 계산하거든요. 예를 들어 '7을 3으로 나눴을 때의 몫을 알려 줘!'라고 컴퓨터에게 명령을 내리면, 컴퓨터는 7에서 3을 한 번 빼고, 그 나머지인 4에서 한 번 더 3을 뺍니다. 그러면 1이 남지요. 1은 3보다 작으니까

0으로 나누기 버그	`>>> number = 5`
	`>>> print(10 / number)`
	`2.0`
	`>>> number = 1`
	`>>> print(10 / number)`
	`10.0`
	`>>> number = 0`
	`>>> print(10 / number)`
	`Traceback (most recent call last):`
	`  File "<stdin>", line 1, in <module> ZeroDivision`
	`Error: division by zero`

10을 number 변수에 저장된 값으로 나눈 몫을 출력하는 코드. number가 5 또는 1의 값을 가질 때에는 10을 number로 나눈 몫을 출력하지만, number가 0의 값을 가질 때에는 컴퓨터가 오류 메시지를 출력한다.

무한 루프 버그	`>>> number = 1`
	`>>> while number > 0:`
	`...         number = number+ 1`

number 변수가 0보다 클 때 반복문을 수행하는 코드. number는 1에서 시작해 반복문을 수행할 때마다 1씩 증가하게 된다. 따라서 number는 항상 0보다 크기 때문에 반복문은 종료되지 않는다.

3을 한 번 더 뺄 수가 없습니다. 그래서 몫을 2라고 결정하게 됩니다. 그런데 0으로 나누려면 끝없이 뺄셈이 가능하겠지요. 즉 몫이 무한대가 되어 버립니다. 따라서 0으로 나누는 상황은 컴퓨터에게 버그로 인식되고, 컴퓨터는 오류 또는 연산 과정의 잘못된 값을 의미하는 기호를 반환하게 됩니다.

0으로 나누는 상황은 대부분 변수를 사용하기 때문에 발생합니다. 나누어지는 수가 변수일 때에 0이 들어가는 상황은 문제가 없지만, 나누는 수가 변수일 때에 0이 들어가는 상황은 문제가 되는 것이죠. 그래서 이런 버그에 대응하기 위해 0으로 나누게 되는 경우에 따로 대응하거나, 변수의 값이 0이 되지 않으면서 결괏값의 차이에는 영향을 미치지 않을 정도의 아주 작은 수를 변수에 더해 해결합니다.

또 다른 대표적 버그로는 무한 루프가 있습니다. 반복문을 종료하는 기준이 달성되지 않아 무한히 반복되는 버그가 생긴다면 컴퓨터는 미로에 빠진 것처럼 프로그램을 종료하지 못하고 계속 수행하게 될 거예요. 이때에는 외부에서 종료 신호를 주어 프로그램을 마쳐야만 합니다. 무한 루프 버그는 개발자의 실수로 자주 마주하게 되는데요, 무한 루프 버그를 발견한다면 반복문을 알맞은 종료 기준에 도달할 수 있도록 수정해야 합니다.

이처럼 이제는 전선 사이에 붙은 나방이 아니라, 코드 사이의 버그를 찾아야 합니다. 눈을 크게 뜨는 것만으로는 보이지 않고, 코드를 차근차근 이해하며 버그가 발생할 만한 상황이 있는

지 짚어 봐야 합니다. 오히려 눈을 감고 생각하는 시간이 필요할 지도 모르겠네요.

오늘날의 버그들

프로그래밍 언어에 따라 존재 여부가 달라지는 버그도 있습니다. 예를 들어 파이썬에서는 숫자를 저장하는 변수와 문자를 저장하는 변수를 구분하지 않습니다. 그래서 하나의 변수에 수를 저장했다가 동일한 변수에 문자열을 저장하더라도 문제가 발생하지 않지요. 그러나 C++에서는 변수에 저장할 데이터의 유형에 따라 변수를 구분합니다. 즉 하나의 변수에는 한 종류의 데이터만 저장할 수 있지요. 그래서 특정한 변수에 수를 저장했다가 문자열을 저장하려고 하면 오류 메시지를 반환합니다.

또 하나의 예로, 파이썬에서는 큰 수를 얼마든지 저장하는 것이 가능합니다. 그러나 C++에서는 변수에 따라 저장할 수 있는 수의 범위가 정해져 있어요. 그래서 저장 가능한 범위를 벗어

파이썬

main.py

```python
value = 1
value = "단어"
print(value)
```

console

```
단어

...Program finished with exit code 0
Press ENTER to exit console.
```

파이썬에서는 하나의 변수에 숫자를 저장했다가 문자열을 저장하는 것이 가능하다.

C++

main.cpp

```cpp
#include <iostream>

int main()
{
    int value = 1;
    value = "단어";
    std::cout << value;
}
```

console

```
Compilation failed due to following error(s).

main.cpp: In function 'int main()':
main.cpp:6:13: error: invalid conversion from
'const char*' to 'int' [-fpermissive]
6 |     value = "단어";
  |             ^~~~~~~
  |             |
  |             const char*
```

C++에서는 변수를 선언할 때 저장할 데이터의 유형을 결정하기 때문에 하나의 변수에 숫자를 저장했다가 동일한 변수에 문자열을 저장하면 에러가 발생한다.

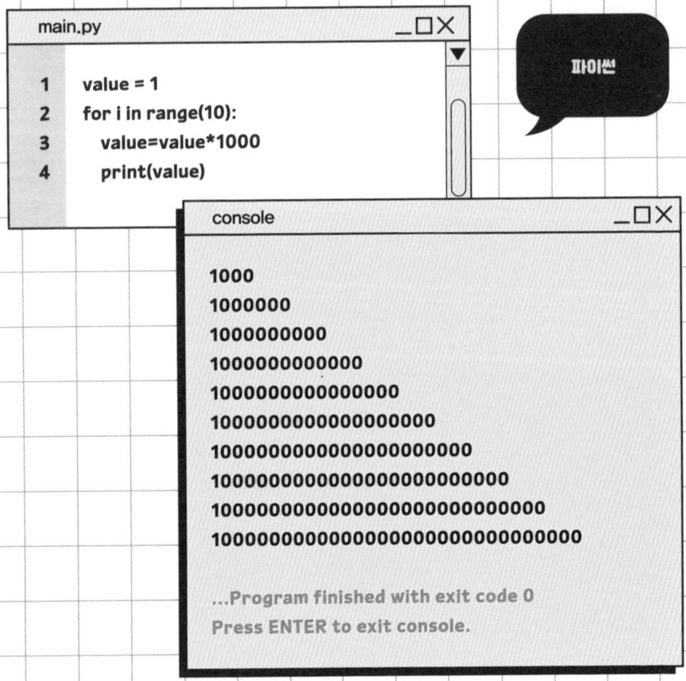

파이썬에서는 큰 수도 얼마든지 저장이 가능하다.

나는 수를 저장하려고 하면 의도와는 달리 이상한 수가 저장되고 맙니다. 이때에는 오류 메시지도 나타나지 않기 때문에 디버깅을 한참 하다가 문제를 파악할 때도 있지요.

main.cpp

```cpp
#include <iostream>

int main()
{
    long long value=1;
    for(int i = 0; i < 10; i++){
        value = value * 1000;
        std::cout << value << std::endl;
    }
}
```

console

```
1000
1000000
1000000000
1000000000000
1000000000000000
1000000000000000000
3875820019684212736
2003764205206896640
-6930898827444486144
5076944270305263616
```

C++에서는 저장할 수 있는 수의 범위가 정해져 있어, 범위를 벗어나는 큰 수를 저장하려 하면 이상한 값으로 바뀐다. 하단의 실행 화면에서 100경(10^18) 이후로는 이상한 숫자로 바뀐 것을 볼 수 있다.

각 프로그래밍 언어는 값을 저장하고 가져오는 방식, 변수를 만들고 사용하는 방식 등이 모두 다르고, 언어에 따라 고유한 방식으로 코드를 해석하고 실행합니다. 그렇기 때문에 어떤 언어에서는 문제없이 작동하는 설계일지라도 어떤 언어에서는 버그가 생길 수 있어요. 따라서 코드를 설계하기 전에 어떤 언어로 코딩할 것인지를 인지하고 해당 언어의 특성을 잘 이해하는 것이 매우 중요합니다.

잠시 최초의 버그를 발견한 호퍼가 프로그래밍을 하던 시절을 상상해 볼까요? 당시에는 코딩 과정에서 버그가 발생할 여지도 많을뿐더러 디버깅도 지금보다 훨씬 어려웠을 거예요. 지금은 프로그램이 내뱉는 오류 메시지로 버그의 위치와 종류를 파악할 수 있고, 오류 메시지를 기반으로 관련 내용을 검색하거나 질문하면 다른 개발자들의 도움을 받을 수도 있거든요. 또한 다양한 디버깅 툴을 통해 컴퓨터가 코드를 실행하는 단계를 따라가며 코드의 수행 순서를 확인할 수도 있고, 각 단계에서 변수들의 값까지 검증해 볼 수 있습니다. 프로그래밍 언어가 발전하고 코딩의 규모가 커지면서 버그의 종류도 많아지기는 했지만, 그에 대한 대응 방식과 디버깅 기술도 함께 발전했지요.

사람이 실수하는 것이 자연스럽듯 사람이 작성하는 코드에 버그가 있는 것도 자연스러운 일입니다. 출판된 책에 오타가 있을 수 있듯이 공개한 프로그램에도 버그가 있을 수 있어요. 구더기 무서워 장 못 담그냐는 속담처럼, 버그가 무서워 프로그램을 만들지 않을 수는 없습니다. 버그가 없는 완전한 코드를 작성할 수 있으면 좋겠지만, 버그는 언제 어디에나 있기 마련이에요. 따라서 실수를 방지하고자 개발 과정에서 필요한 테스트를 추가하기도 하고, 동료들과 서로 검토해 주기도 합니다.

개발자를 도와주는 도구조차 존재하지 않던 호퍼의 시대에는 수많은 버그의 존재가 컴퓨터의 발전까지 위협했습니다. 또한 프로그래밍에 소요되는 수많은 시간과 번거로운 작업도 컴퓨터의 가능성을 의심하게 만들었지요. 하지만 호퍼와 호퍼의 동료들은 이러한 문제들을 인식하고서, 버그를 해결하는 경험을 쌓고 효율적인 작업 절차를 구축하며 프로그래밍의 발전을 이끌었습니다.

많은 사람이 호퍼의 정신을 계승해 끊임없이 실패하며 발전을 꾀한 끝에 컴퓨터의 세상은 불과 100년이 지나지 않아 계산기에서 로봇으로, 사칙연산에서 인공지능으로, 숫자에서 빅데이터로 바뀌었습니다. 문제를 마주하는 것을 두려워하지 않고 용기 있게 코드를 작성하고, 끈기 있게 코드를 수정하는 수많은 프로그래머 덕분에 프로그램의 역사는 나날이 새롭게 빛나고 있는 것이 아닐까요.

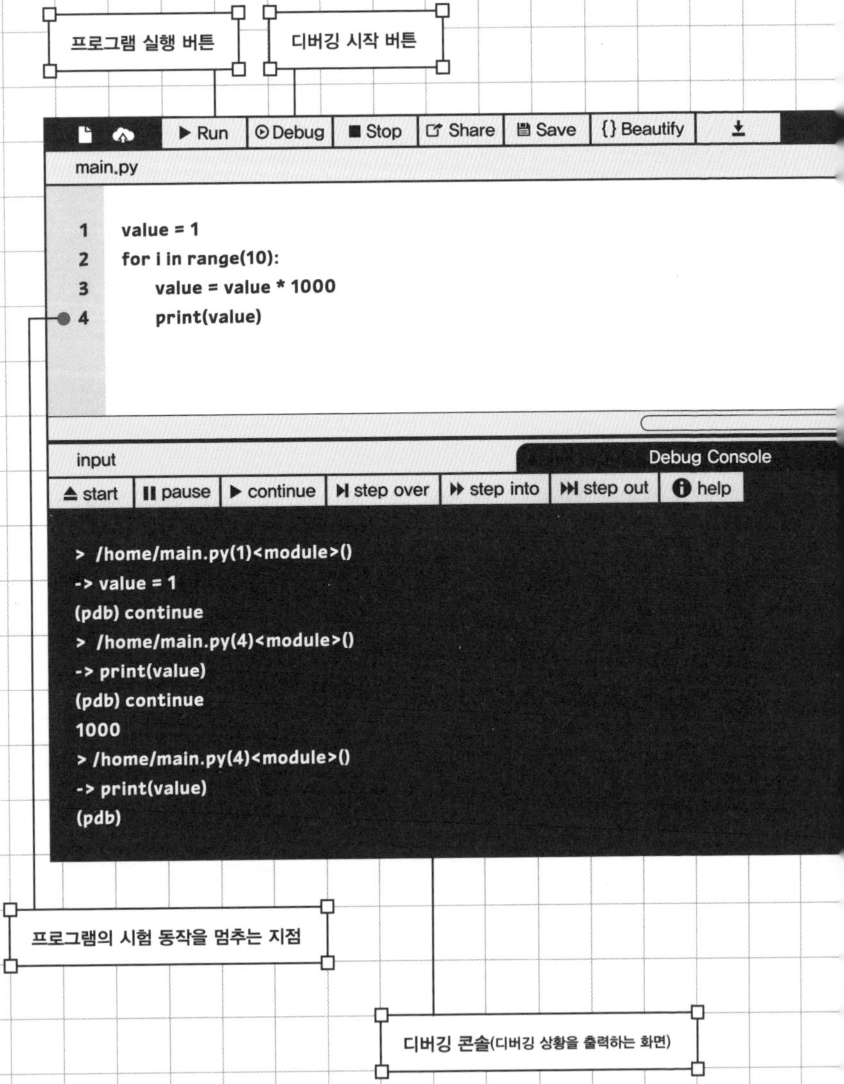

프로그램 실행 버튼
디버깅 시작 버튼
Run
Debug
Stop
Share
Save
{} Beautify
main.py
1 value = 1
2 for i in range(10):
3 value = value * 1000
4 print(value)
input
Debug Console
start
pause
continue
step over
step into
step out
help
> /home/main.py(1)<module>()
-> value = 1
(pdb) continue
> /home/main.py(4)<module>()
-> print(value)
(pdb) continue
1000
> /home/main.py(4)<module>()
-> print(value)
(pdb)
프로그램의 시험 동작을 멈추는 지점
디버깅 콘솔(디버깅 상황을 출력하는 화면)

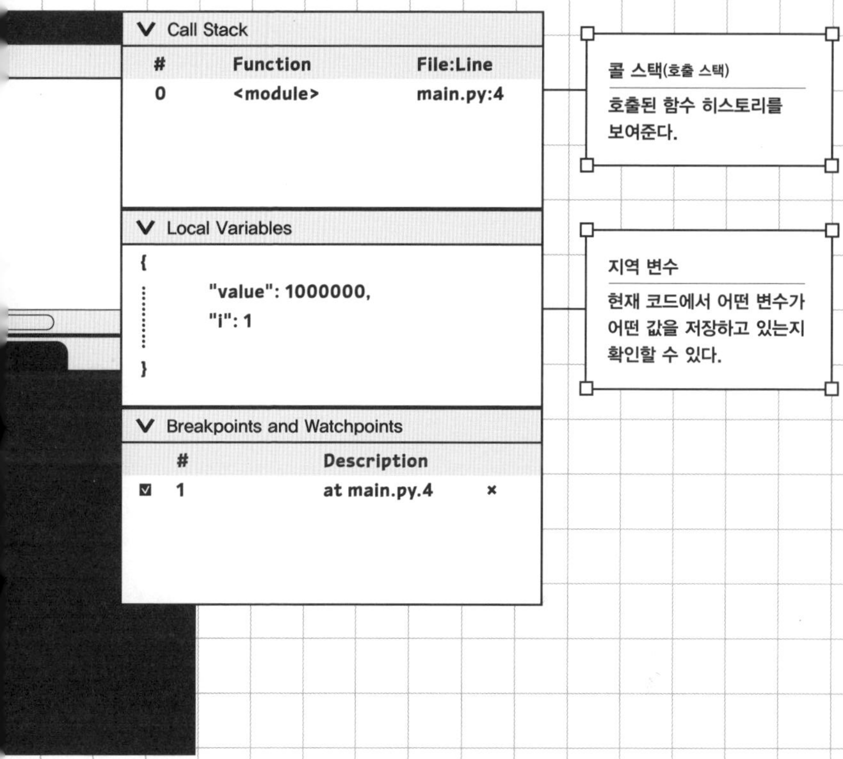

1에 1,000을 열 번 곱하는 프로그램을 디버깅하는 화면. 디버깅 때는 프로그램 전체를 한 번에 실행하지 않고, 원하는 구간만큼 동작하고 멈추면서 변수에 저장된 값이나 코드가 동작하는 순서를 살펴본다. 하단의 디버깅 콘솔의 콘티뉴(continue), 스텝 오버(step over), 스텝 인투(step into) 등의 버튼으로 다음 단계에 동작할 부분을 정할 수 있다. 콘티뉴 버튼으로 디버깅을 진행하면 미리 설정한 브레이크포인트(breakpoint)에서 코드의 동작이 멈춘다. 디버깅 화면이나 기능은 IDE(Integrated Development Environment)라고 불리는 개발 환경 구성 프로그램에 따라 조금씩 다를 수 있다.

7

빅데이터 시대의 프로그래밍

빅데이터로 세상 읽기

빅데이터(bigdata)란 디지털 환경에서 많이, 빠르게, 그리고 다양하게 발생하는 대규모 데이터를 의미합니다. 우리는 인터넷으로 단어를 검색하기도 하고, 사진이나 영상을 업로드하기도 하고, 친구들의 SNS에 댓글을 달기도 하지요. 이 모든 활동은 언제나 새로운 데이터를 세상에 만들어 내고, 또 누군가는 이렇게 새롭게 생성된 데이터를 수집하고 있습니다.

우리가 프로그램을 사용하면 새롭게 데이터가 만들어지는 것은 당연하게 느껴지는데, 그런 데이터들을 일부러 모으는 사람이 있다는 걸까요? 누가, 왜 모으는 걸까요?

우선 수집된 데이터들, 즉 빅데이터를 어떤 관점에서 어떻게 분석하느냐에 따라 세상의 흐름을 읽어 내거나 다양한 문제를 해결하는 데 도움이 되기 때문에 데이터를 수집합니다. 예를 들어 최근 사람들이 많이 방문하는 음식점이 궁금하다면 인스타그램에서 태그가 많이 된 음식점들을 살펴볼 수 있을 거예요. 사람들의 SNS 기록을 모은 데이터로 유행을 파악하는 것이지요. 또한 유튜브에서는 사용자의 검색 기록이나 시청한 영상들을 참고해 사용자가 좋아할 것으로 추정되는 영상들을 추천할 수 있지요. 인터넷 쇼핑몰에서 흔히 볼 수 있는 '인기순'이라는 상품 정렬 방식도 그간의 상품 접근 데이터를 기반으로 만들어 낼 수 있습니다.

우리가 사용하는 일상적 서비스 영역만이 아니라 공공 영역에서도 데이터를 적극 활용합니다. 태풍의 경로와 지진이 발생할 위치를 미리 예측하는 등 자연재해에 대비할 때도 데이터가 필요합니다. 인구 이동 데이터를 가지고 교통량을 예측해 도로를 건설하거나 대중교통 시스템을 구축하는 등 교통 시설의 공급 전략을 세우기도 하지요. 서울시에서는 통화량 데이터와 교통 데이터를 활용해 늦은 시각에 귀가하는 사람들이 많은 지역을 파악하고 심야 버스 노선도를 효율적으로 조정하기도 했습니다. 코로나19 바이러스 감염증이 확산될 때에도 사람들의 동선을 분석해 방역 대책을 세우고, 신용카드 사용 내역을 가지고 감염병이 경제에 미치는 영향을 파악하기도 했지요.

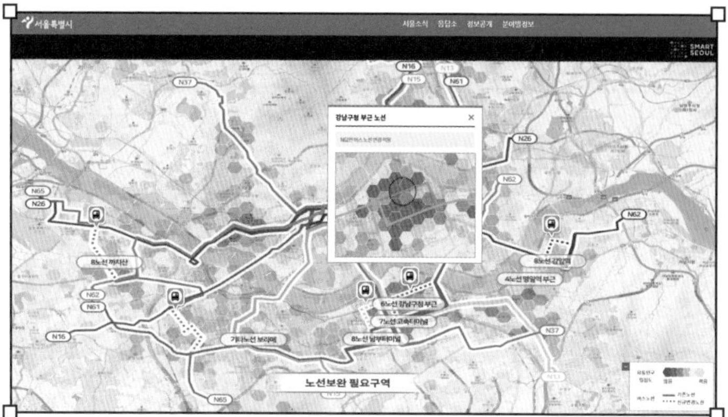

서울시는 유동 인구 빅데이터를 노선별, 요일별로 분석해 심야 버스 노선을 최적화했다.[1]

또한 다양한 학문의 연구에도 빅데이터가 널리 활용되고 있습니다. 의료 기록, 유전자 분석 등을 통해 새로운 질병과 치료법을 연구하기도 하고, 천문학과 지질학 등 자연과학 분야에서 생성된 대규모 데이터로 지구와 우주의 환경 변화를 예측하기도 합니다. 경제학, 사회학, 인문학 등에서도 데이터가 활발히 사용되고 있어요. 인터넷 검색 기록이나 소셜 미디어 데이터를 기반으로 대중의 행동 패턴을 분석하기도 하고, 조선왕조실록 자료를 수집해 유교 정치를 연구하기도 합니다. 선거 캠프에서 유권자들의 정보를 분석한 결과에 따라 선거 전략을 수립해 좋은 결과를 얻었다는 사례도 있었지요.

데이터가 서 말이어도 꿰어야 보배

세상에 존재하는 무작위의 데이터들이 새로운 의미를 품은 분석 결과 또는 특정한 가치를 만들어 내는 프로그램으로 재탄생하려면 데이터의 정제와 가공이 필요합니다. 자료에서 정보가 되는 과정, 즉 구조화 과정이 중요하지요.

구슬이 서 말이어도 꿰어야 보배라는 속담처럼 데이터에 내재된 가치를 끄집어내려면 데이터를 체계적으로 정리하고, 데이터 사이의 관계를 이해할 수 있도록 처리하는 과정이 필요합니다. 자료의 특성이나 해결하고자 하는 문제에 따라 적절한 구조를 선택해 정돈하는 작업이지요. 마치 밭에서 캐 온 것들로 본격적인 요리에 들어가기에 앞서 재료 손질과 준비를 먼저 해 놓는 것처럼 말이에요. 만들고자 하는 음식에 따라 똑같은 재료라도 어느 정도 익혀 두어야 할지, 어떤 크기와 모양으로 썰어야 할지 달라지는 것처럼, 자료구조화도 상황에 따라 달라질 수 있습니다.

자료의 구조화는 여러분도 일상생활에서 많이 경험했을 거예요. 출석부나 통화 기록처럼 순서가 있는 목록으로 정리하거나 수업 시간표나 급식 식단표처럼 정보를 행과 열로 나열해 표로 정리하는 것 모두 자료구조화의 방식이지요. 혹은 토너먼트 경기의 대진표나 원형 생활 계획표처럼 도형을 사용한 다이어그램으로 정보를 나타낼 수도 있습니다. 이처럼 우리는 이미 일상에서 그 특성과 전달하고 싶은 내용에 따라 적절한 방법으로 자료를 구조화하고 있어요. 이렇게 자료를 구조화해 두면 정보에 대한 이해와 관리가 쉬워질 뿐 아니라, 정보가 추가되거나 변경될 때 혹은 오류가 생겼을 때 효과적으로 대응할 수 있습니다.

그럼 컴퓨터를 이용할 때는 자료를 어떻게 구조화할까요? 컴퓨터에서는 자료구조화 방식에 따라 필요한 저장 공간의 크기나 문제 해결의 속도가 달라지기 때문에 그때그때 적절한 자료구조를 고르는 것이 아주 중요합니다. 자료구조란 컴퓨터에서 자료를 저장하고 호출할 때 사용하는 구조를 말합니다.

자료구조는 크게 선형 구조와 비선형 구조로 나뉩니다. 먼저, 목록과 같이 자료를 일렬로 나열한 구조를 선형 구조라고 합니다. 순서대로 차곡차곡 자료를 저장하는 배열이 선형 구조의 대표적인 자료구조입니다.

비선형 구조에는 점(node)과 선(edge)으로 이루어진 그래프가 있습니다. 지하철 노선도를 그릴 때 지하철역을 하나의 점으로, 역과 역이 연결된 상태를 하나의 선으로 저장하는 것처럼요. 이러한 그래프는 복잡한 자료에서 정보 간의 관계를 효율적으로 찾을 수 있다는 장점이 있습니다. 예를 들어 지하철을 타고 이동할 때 가장 적게 환승하는 경로를 찾는 것과 같은 문제를 해결할 때 유용하지요.

그래프 중 부모 점과 자식 점이 계층적으로 연결된 형태를 트리(tree)라고 부릅니다. 하나의 부모 점에서 시작해 아래로 갈수록 자식들이 많아지기 때문에 나무를 거꾸로 그린 모양으로 나타나지요. 트리 자료구조는 소속이 명확히 구분되거나 포함 관계가 확실한 자료를 저장하는 데 효과적입니다.

자료구조를 통해 데이터를 정리하는 과정을 '전처리' 한다고 칭하기도 하는데요. 데이터의 전처리 과정이 적절하게 이루어진다면 자료에 효율적으로 접근해 문제 해결 시간을 단축하고 어려운 문제를 푸는 해법을 찾을 수 있습니다. 예를 들어 5,000권의 책이 순서 없이 흩어져 있는 도서관과 기다란 책장에 책 제목이 순서대로 꽂혀 있는 도서관을 떠올려 봅시다. 각 상황

선형 구조

1반 명단

번호	이름	전화번호
1	강○○	010-0000-0001
2	구□□	010-0000-0010
3	김△△	010-0000-0101
…	…	…

	딸기	사과	배
A 마트	○	○	×
B 마트	×	○	○
C 마트	○	○	○

비선형 구조

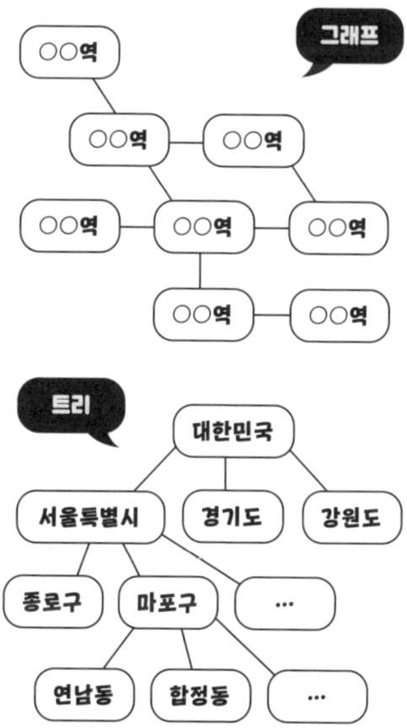

다양한 자료구조의 예

에서 원하는 책을 찾으려면 첫 번째 도서관에서는 5,000권을 놓인 순서대로 일일이 살펴보고, 두 번째 도서관에서는 제목의 첫 글자를 확인해 책의 위치를 찾아가겠지요. 책을 여러 번 찾아야 할수록 제목순으로 정리되어 있는 도서관에 가고 싶을 거예요. 처음에 책을 정리하는 데는 시간이 걸리겠지만, 필요한 책을 찾을 때는 정리해 둔 책장이 효과적일 테니까요. 이렇게 책을 정리

	책 정리 시간	책 찾는 시간	책 찾는 횟수	총 소요 시간
제목순으로 책이 정리된 도서관	120분	10분	10번	220분
규칙 없이 책이 꽂혀 있는 도서관	0분	60분	10번	600분

하는 과정을 전처리 과정으로 볼 수 있습니다.

우리는 다양한 자료를 구조화하고 사용하기 위해 자료 관리 소프트웨어를 사용합니다. 글을 다루기 좋은 한글과 MS 워드, 정형화된 데이터를 다루기에 적합한 엑셀, 발표 자료 등을 시각화하기에 편리한 파워포인트 등 우리에게 친숙한 그 프로그램들이 바로 자료 관리 소프트웨어입니다. 자료의 성격에 따라 필요한 작업이 달라지기 때문에 각각에 특화된 프로그램이 개발된 것이지요.

그러나 위와 같은 프로그램은 적당한 양을 한 명의 사용자가 다룰 때 사용하기는 용이하지만, 모든 경우에 적합하지는 않습니다. 여러 사람이 공유할 목적으로 체계화하고 관리하는 데이터의 집합은 '데이터베이스(database)'라고 합니다. 앞서 살펴본 소프트웨어들과 마찬가지로, 데이터의 특성과 데이터 사용 목적에 따라 데이터베이스를 사용할 때를 위한 데이터베이스 관리 시스템(DBMS, Database Management System)도 다양하게 개발되어 있습니다.

자료를 여러 개의 테이블(표)에 나누어 저장하고 테이블 간의 관계를 주목하는 관계형 데이터베이스, 표제어별로 단어와 단어의 뜻을 적어두는 사전과 같이 키(key)와 값(value)을 구분해 저장하는 키-값 데이터베이스, 다양한 속성의 데이터를 하나의 문서 단위로 저장하는 문서형 데이터베이스 등이 있습니다. 각각의 데이터베이스 형태는 저장 공간을 절약할 수 있거나, 접근 속도가 빠르거나, 대용량 데이터를 다루기에 적합하다는 등의 특성을 가집니다.

예를 들어 관계형 데이터베이스는 저장 공간을 절약하는 데에 도움이 되고 데이터 내의 관계를 파악하기에 용이합니다. 도서관에서 책 대출 내역을 관리하는 상황을 떠올려 볼까요? 하나의 테이블에 모든 정보를 저장한다면 회원 정보와 책의 정보가 중복해서 저장될 텐데요. 그러면 데이터의 저장 공간도 많이 필요하고 이력을 검색할 때도 그만큼 오랜 시간이 걸릴 거예요. 이 경우, 회원 정보 테이블과 책 정보 테이블을 구분하고, 대출 내역 테이블에는 ID와 같은 각각의 고윳값만 저장하면 저장 공간을 효율적으로 관리할 수 있습니다.

도서관 회원 정보 및 대출 내역 테이블

이름	회원 ID	전화번호	나이	주소	대출일	책 제목	책 ID	청구 기호	출판사
이지선	회원 1	010-0000-1111	16	서울시 마포구 ○○길 1	2023-01-03	스포츠로 만나는 지리	책 1	005-ㅊ46	휴머니스트
김민아	회원 2	010-1111-0000	14	서울시 마포구 ○○길 2	2023-01-21	스포츠로 만나는 지리	책 1	005-ㅊ46	휴머니스트
이지선	회원 1	010-0000-1111	16	서울시 마포구 ○○길 1	2023-01-21	청소년 비건의 세계	책 2	594-ㅂ33	휴머니스트
...									

↓ 관계형 데이터베이스로 구성

회원 정보 테이블

이름	회원 ID	전화번호	나이	주소
이지선	회원 1	010-0000-1111	16	서울시 마포구 ○○길 1
김민아	회원 2	010-1111-0000	14	서울시 마포구 ○○길 2
고희원	회원 3	010-1100-1100	17	서울시 마포구 ○○로7길 23
...				

책 테이블

책 제목	책 ID	청구 기호	출판사
스포츠로 만나는 지리	책 1	005-ㅊ46	휴머니스트
청소년 비건의 세계	책 2	594-ㅂ33	휴머니스트
...			

대출 내역 테이블

회원 ID	대출일	책 ID
회원 1	2023-01-03	책 1
회원 2	2023-01-21	책 1
회원 1	2023-01-21	책 2
...		

관계형 데이터베이스의 예

데이터베이스를 잘 고르는 것만큼이나 데이터베이스에서 데이터를 가져오는 방식도 중요합니다. DBMS에 따라 사용 가능한 언어가 있고, 그 언어에 맞게 원하는 데이터를 가져오도록 명령하는 코드인 '쿼리(query)'를 작성해야 하는데요. 쿼리를 얼마나 효율적으로 작성하느냐에 따라 데이터를 가져오는 데 소요되는 시간이 크게 달라집니다. 데이터가 많을수록 시간 차이는 더욱 커지지요. 데이터 요청 후 결과가 나타나기까지 하루가 꼬박 걸리던 것도 쿼리를 잘 수정하면 몇 초 만에 결과가 나오기도 합니다. 또는 책을 읽다가 발견한 중요한 내용에 책갈피를 끼워 두는 것처럼 데이터 자체를 검색 패턴에 따라 최적화하는 방법도 있지요.

하지만 아무리 최적화를 하더라도 많은 데이터를 다룰 때는 오랜 시간이 걸리는 경우가 허다합니다. 그럴 때는 데이터 요청을 시작하고서 다른 일을 하다가 결과가 나오면 다시 돌아오기도 합니다. 프로그램을 개발하다 보면, 데이터를 추출하거나 코드를 실행 파일로 만들거나 자동 테스트를 실행시키거나 복잡한 계산을 거쳐 파일을 만드는 등 개발자의 손을 떠나 컴퓨터가 동작하는 시간이 필요하기 마련입니다.

그래서 개발자들은 근무 중에 잠깐 쉬어 갈 때도 있고, 퇴근할 때 실행시켜 놓고 다음 날 출근해서 결과를 확인할 때도 있어요. 때로 동작 도중 오류가 나 있거나, 의도와 다른 결과가 나오면 실망감으로 하루를 시작하기도 한답니다. 물론 오래 기다린 만큼 기대했던 결과가 나오면 신나는 기분으로 하루를 시작하기도 하고요.

우리가 컴퓨터나 핸드폰 등으로 데이터를 만들고 저장할 때는 물리적인 저장 공간이 눈에 보이지 않기 때문에 데이터의 부피가 마치 0인 것처럼 느껴지기도 합니다. 특히 인터넷을 통해 서버와 소프트웨어, 데이터베이스를 사용할 수 있는 '클라우드(cloud)' 시스템이 발전하면서, 사용자에게 데이터는 말 그대로 손으로 만져지지 않는 구름처럼 생각되기도 하지요. 그러나 실제로는 데이터가 저장된 데이터베이스가 모인 데이터 센터가 세계 곳곳에 있습니다.

데이터 센터는 우리가 인터넷을 통해 데이터를 사용하고 저장할 수 있도록 서버, 네트워크, 데이터 저장 공간 등을 지원합니다. 데이터가 많아지고 클라우드 시스템 사용이 늘어남에 따라 데이터 센터의 수도 빠른 속도로 늘고 있어요. 데이터 센터 덕분에 핸드폰으로 찍은 사진을 자동으로 백업하고, 몇 년 전 메일까지 차곡차곡 보관하고, 24시간 어느 때나 친구들과 메시지를 주고받을 수 있습니다.

데이터 센터는 전 세계에서 언제든 데이터와 프로그램에

접근할 수 있도록 24시간 쉼 없이 수많은 기계를 엄청난 양의 전기를 쓰며 가동합니다. 또한 기계에서 발생하는 열을 식혀야 하기에 거기에도 대량의 전기를 사용해요. 즉 전원이 켜진 수많은 컴퓨터가 한 방에 모여 있고, 뜨거워진 컴퓨터를 식히기 위해 그 옆에서는 에어컨을 가동하는 것이나 마찬가지입니다. 당연히 이 과정에서 어마어마한 양의 탄소가 배출됩니다. 우리가 체감하지 못하는 사이 우리는 프로그램을 사용하며 탄소 발자국을 남기고 있는 셈이지요. 이메일을 한 번 전송할 때 1g, 인터넷 검색 한 번에 0.2g의 이산화탄소가 배출되고, 스트리밍으로 한 시간 동안 동영상을 시청하면 자동차로 1km를 주행하는 것과 같은 탄소 배출 효과를 낸다고 합니다.[2]

이러한 문제 때문에, 지속 가능한 미래를 위해 친환경 데이터 센터를 만들려는 연구와 실험도 곳곳에서 시작되고 있습니다. 그리하여 태양열·풍력·수력 발전소에서 생산된 전력을 사용하거나, 에너지 사용을 모니터링하고 공조 설비를 효율적으로 구성해 에너지 효율을 높이는 방식이 곳곳의 데이터 센터에 적용되었습니다.

또한 북극이나 해저의 환경을 이용함으로써 냉각에 사용되는 전력을 아끼는 방향도 모색되고 있고, 일부 현실화되기도 했는데요. 예컨대 페이스북은 북극의 찬 공기를 끌어다 온도 유

네덜란드에 위치한 구글의 데이터 센터. 풍력발전 터빈이 설치되어 있다. 구글은 2020년 구글이 소유한 전 세계 모든 데이터 센터에서 사용한 에너지의 67%가 무탄소(carbon free) 에너지였다고 발표했다.[3]

지에 사용하고 인근의 수력발전소에서 생산된 전력을 사용해 100% 친환경 전력으로 가동되는 데이터 센터를 만들었습니다. 그리고 마이크로소프트는 조력과 심해의 차가운 바닷물을 활용하기 위해 해저에 데이터 센터를 건립하는 '나틱 프로젝트(Project Natick)'를 추진 중입니다. 진정한 친환경 데이터 센터가 되려면 해저에 데이터 센터를 구축했을 때 해양 생태계에 어떤 영향을 미칠지 깊은 연구가 동반되어야겠지만, 여러 기업이 기후 위기에 대응하는 행보를 보이는 것은 다행이라고 할 수 있습니다.

데이터 수집하기

그나저나 이렇게 많고 다양한 데이터를 어떻게 모으는 것일까요? 저금통에 동전을 모으듯 발생한 데이터를 차곡차곡 저장하는 방법도 있지만, 필요한 데이터를 직접 생성하기도 한답니다. 우리가 이용하는 대개의 서비스에서는 사용자의 행동에 따라 발생한 데이터를 알맞게 저장하기만 해도 의미 있는 데이터가 됩니다. 이런 데이터를 로그(log) 데이터라고 부르지요. 언제, 누가 어떤 경로로 접속해 어떤 화면에서 얼마나 머물렀는지 하는 사용자의 행동을 기록해 저장하는 것입니다.

로그 데이터를 활용하면 프로그램에 문제가 발생했을 때 그 원인을 파악할 수도 있고, 추천이나 히스토리 기능도 만들 수 있어요. 혹은 새로운 흐름을 발견하기 위해 로그 데이터를 분석해 볼 수도 있지요.

한편 프로그램에서 생성된 데이터가 쌓이기를 기다리는 데서 그치지 않고, 직접 나서서 데이터를 모으기도 합니다. 온라인상의 데이터를 수집하는 대표적 방법으로 '크롤링(crawling)'과 '스크래핑(scraping)'이 있습니다. 두 방법 모두 공개된 웹 페이지에 접근해 원하는 정보를 찾아 저장하는 자동화된 행위를 뜻하는데요. 크롤링은 모든 페이지를 탐색·접근하면서 지도를 만드는 방식입니다. 대표적으로 구글, 네이버와 같은 검색엔진에서 사용하고 있습니다. 검색 결과를 빠르게 제공하고자 어떤 페이지들이 있는지 미리 탐색하는 것이지요.

한편 스크래핑은 특정 웹 페이지에 접근해 특정한 데이터를 추출하는 방식입니다. 요즘 쇼핑몰에는 품절 상품의 입고를 알려 주는 '재입고 알림' 기능이 있는 경우가 많지요? 하지만 만약 그런 기능이 제공되지 않는 쇼핑몰에서 품절 상품이 입고되었는지 알고 싶다면 어떻게 해야 할까요? 주기적으로 해당 쇼핑몰 페이지에 자동 접속해 재고 정보를 가져와 0이 아닌 경우 알림을 주는 프로그램을 만들 수 있겠지요. 이처럼 어디서 어떤 데이터를 수집할 것이냐 하는 점이 프로그램 개발의 시작이자 전부일 때도 있습니다.

하지만 데이터 수집을 위해 웹 페이지에 과도하게 접속해

서버에 부하를 주거나, 가공된 정보를 가져가 상업적 이익을 목적으로 사용한다면 어떨까요? 사회적 문제가 될 수 있을 거예요. 이러한 문제를 방지하고자 크롤러와 같은 자동화된 로봇의 접근에 대한 규약인 로봇 배제 표준(robots exclusion standard)이 만들어지기도 했습니다. 일반적으로 'robots.txt'라는 파일에 약속된

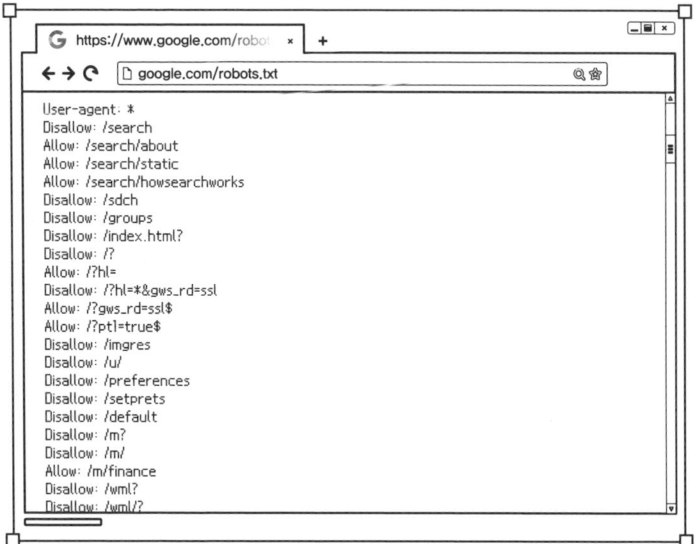


```
User-agent: *
Disallow: /search
Allow: /search/about
Allow: /search/static
Allow: /search/howsearchworks
Disallow: /sdch
Disallow: /groups
Disallow: /index.html?
Disallow: /?
Allow: /?hl=
Disallow: /?hl=*&gws_rd=ssl
Allow: /?gws_rd=ssl$
Allow: /?ptl=true$
Disallow: /imgres
Disallow: /u/
Disallow: /preferences
Disallow: /setprets
Disallow: /default
Disallow: /m?
Disallow: /m/
Allow: /m/finance
Disallow: /wml?
Disallow: /wml/?
```

구글 웹 페이지에 대한 robots.txt 문서. 사용자 에이전트(User-agent)는 이 문서가 어떤 크롤러에 적용되는지를 나타내며 *는 모든 사용자를 의미한다. 아래에는 허가(Allow)와 불허(Disallow)로 크롤링이 가능한 혹은 금지된 주소가 정리되어 있다. 예를 들어 'Disallow: /search'는 'Allow: /search/about'과 같이 Allow로 명시된 페이지를 제외하고 google.com/search로 주소가 시작하는 페이지는 크롤링하면 안 된다는 것을 뜻한다. 즉 검색 결과 화면은 크롤링해서는 안 되지만, 구글 검색을 소개하는 〈google.com/search/about〉 페이지를 크롤링하는 것은 허락한다는 뜻이다.

구글 검색 소개 페이지. 주소가 google.com/search/about로 시작되어 크롤링이 가능하다.

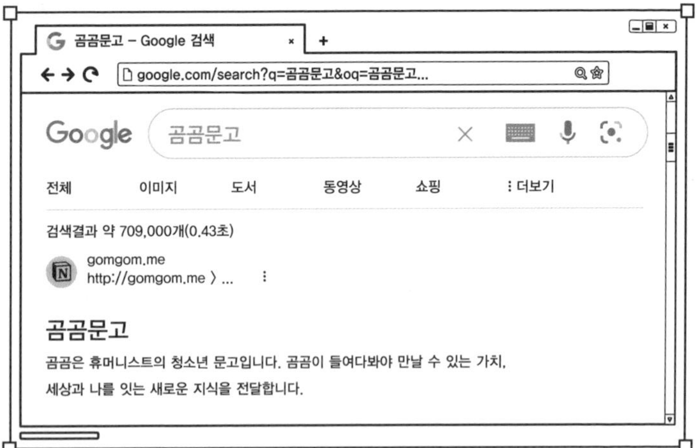

구글에서 '곰곰문고'를 검색한 결과 페이지. 검색 결과 페이지는 주소가 google.com/search로 시작되어 크롤링이 불가하다.

구조로 로봇의 접근에 대한 설정을 입력합니다. 도로의 신호등 혹은 표지판처럼 특정 경로에 크롤러가 진입해도 되는지 안 되는지를 알려 주는 문서이지요. 이 문서를 통해 자동화 로봇의 접근을 제한해 과도한 크롤링을 방지하기도 하고, 검색엔진 크롤러에게 사이트 맵을 제공해 웹 페이지의 정보를 어디서 가져가면 되는지 알려 주기도 합니다. 하지만 이는 강제성이 없는 권고안이며, 데이터 수집 자동화에 대한 사회적·법적 논의는 현재도 여전히 진행 중입니다.

실제로 국내에서 한 숙박 플랫폼이 경쟁사의 숙소 정보를 크롤링한 문제로 재판이 진행되기도 했습니다. 숙소 정보는 공개된 것이기에 저작권이 있는 정보가 아니라는 입장과 시간과 비용을 들여 정보로서의 가치를 창출한 것이라는 입장이 대립했지요. 최종 판결 결과는 크롤링을 한 업체가 정보통신망법과 저작권법을 위반한 것은 아니지만, 부정경쟁방지법을 위반했다는 것이었습니다. 경쟁 관계에 있는 회사의 데이터를 사용한 것은 타인의 성과를 쉽게 도용하는 '부정경쟁 행위'에 해당한다는 의견이지요. 그렇다면 데이터에도 주인이 있는 것일까요?

데이터 생태계의 윤리와 법

하드웨어가 발전하고 소프트웨어가 널리 쓰이면서 데이터가 많아졌을 뿐 아니라, 많아진 데이터를 우리가 원하는 대로 다룰 수도 있게 되었습니다. 이제는 어떤 데이터를 어떻게 모으고 활용하느냐가 IT 기업에는 경쟁력이 되는 사회이지요. 특히 머신 러닝과 딥 러닝(deep learning)이 발전하면서 빅데이터에 대한 수요가 더욱 늘어났습니다. 데이터를 정제하고 가공해 의미 있는 정보로 만드는 과정은 시간이 매우 많이 걸리기 때문에, 깨끗하게 정리된 데이터를 만드는 일을 전문으로 하는 기업도 생겨났지요.

심지어 미국에서는 데이터를 사고파는 '데이터 브로커(data broker)'까지 등장했습니다. 데이터 브로커는 통신, 이동, 쇼핑 등 개인의 생활 정보 데이터나 교통, 날씨 등의 데이터를 모아 적절히 가공해 필요한 곳에 판매하는 민간 기업을 말합니다. 자사 프로그램을 통해 소비자의 로그 데이터를 모으는 것이 아니라 그 이외의 온갖 방법을 동원해 보다 적극적으로 데이터를 수집하지요. 정부가 제공하는 공공 데이터나 개인이 인터넷에 올리는 공개 데이터를 모으는 것은 물론, 결제나 구독과 같은 상업 데이터를 구매하기도 합니다. 데이터 브로커 회사들 간에 서로 데이터를 사고팔기도 하고요. 이렇게 모은 여러 데이터를 가공하고 분석해 새로운 가치를 창조하는 데이터로 만들어 그 데이터를 사용하고 싶어 하는 곳에 판매합니다.

그러나 이러한 시장 속 데이터 생태계에서는 사용자가 자신의 정보가 어떻게 유통되는지 알 수 없고 데이터의 빈부격차가 발생할 수 있습니다. 오고 가는 데이터를 통해 분실된 신용카드의 부정 거래를 감지하거나 맞춤형 광고를 받는 등 사용자 관점에서 긍정적인 경험을 할 수도 있지만, 임신이나 병력 같은 민감한 개인 정보가 본인의 의사와 무관하게 활용되어 소비자로서 권리를 침해받을 수도 있습니다.

대개의 프로그램이 회원 가입 약관을 통해 데이터의 수집을 명시하고 있지만, 프로그램을 사용하려면 개인 정보 활용 동의가 필수 사항이라 사용자들은 이를 선별적으로 거부할 수가 없습니다. 그렇다면 사용자가 생성한 데이터들은 사용자의 것일

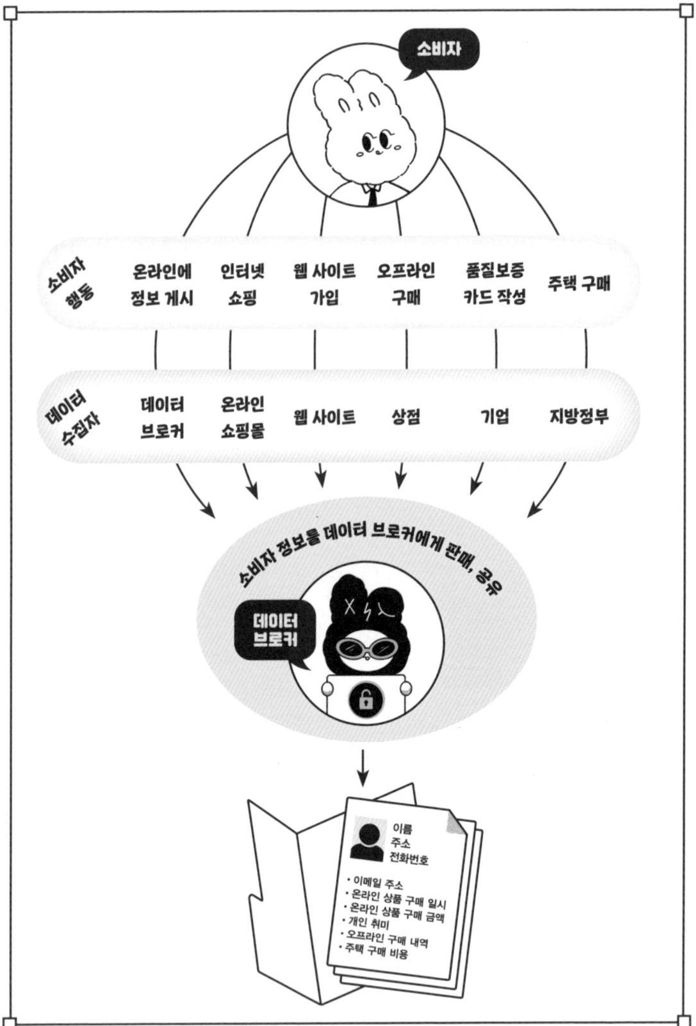

데이터 브로커가 소비자 정보를 수집하는 과정[4]

까요, 아니면 프로그램을 제공하는 기업의 것일까요?

예를 들어 구글의 검색 시스템을 생각해 볼까요? 구글은 세계 1위의 시장점유율을 가진 검색 플랫폼으로, 검색어를 입력하면 관련된 웹 페이지들을 보여 줍니다. 얼핏 보면 상당히 간단해 보이지만 이러한 검색 시스템은 굉장히 어렵고 복잡한 기술이 필요합니다. 24시간 언제나 많은 사람이 동시에 접속할 수 있어야 하고, 수많은 웹 페이지 중 광고나 유해한 사이트를 거르면서 검색어와 관련도가 높은 웹 페이지를 선별하고, 검색 결과를 사용자에게 빠르게 보여 주어야 하지요. 이 과정에서 사용되는 구글의 기술력이 뛰어나다는 데 동의하지 않을 수는 없습니다.

그러나 검색 시스템의 기반이 되는 원재료가 다른 사람들의 글, 사진, 영상과 같은 데이터라는 점에서 구글이 검색으로 인한 모든 수익을 가져가는 것이 과연 타당한지에 대한 논의가 일었습니다. 물론 개별 데이터와 빅데이터 혹은 검색 결과로 제공된 데이터는 다른 가치를 지니기 때문에 구글의 역할을 부정할 수 없습니다. 하지만 개별 데이터 없이는 그러한 검색 결과도 만들어질 수 없는 시스템이기 때문에 수익의 일부는 공공의 몫이라는 의견도 있습니다.

이러한 관점에서 데이터를 재료로 요리해 그것을 판매하는 IT 대기업들로부터 데이터세 또는 빅데이터세를 걷어야 한다는 주장이 제기되기도 했습니다. 데이터 제공자 또는 데이터의 소유권을 애써 구분 짓기보다는 공공의 이익을 추구하며 모두의 긍정적 경험을 확대하는 것이 중요하다는 방향으로 논의가 이루어지고 있지요. 마치 기술이 발전하고 세상이 변화함에 따라 탄소세와 로봇세가 새로이 등장하는 것처럼 말이에요.

유럽에서는 데이터가 가지는 경제적 의미와 중요성을 인지하고, 데이터 생태계를 활발히 가꾸려는 움직임을 보이고 있습니다. 2020년 EU 집행위원회는 유럽 전역의 데이터 보안, 데이터 가용성, 개인 정보 보호 등에 관한 규칙을 담은 법안(데이터 거버넌스 법안)을 발표했어요. 데이터에 대한 권리를 보호하면서도, 데이터가 자유롭고 안전하게 공유될 수 있도록 하는 법적 토대를 만든 것입니다. 이에 따라 공공 기관의 데이터도 적극적으로 활용할 수 있게 되었고, 데이터를 공유하는 서비스의 신뢰성 또한 확보하게 되었습니다. 단순히 내 데이터와 네 데이터를 구분하고 편 가르는 것이 아니라, 데이터에서 파생된 가치를 공정하게 분배하고 데이터 공유를 활발히 하는 데 초점을 맞추고 있는 것으로 보입니다.

건강하고 평등한 데이터 생태계를 만들기 위해서는 어떤 과정이 필요할까요? 내가 원하지 않는 곳에 나도 모르게 나의 데이터가 사용되는 경우를 방지하고, 모두가 평등하게 데이터에 접근해 데이터를 사용할 수 있고, 사용한 데이터의 가치에 대한 보상이 정당하게 분배되려면 어떤 윤리와 법이 필요할까요? 새롭게 시작된 빅데이터 시대가 부익부 빈익빈의 데이터 세상이 아닌, 소외와 차별이 발생하지 않는 세상이 되려면 모두가 머리를 맞대고 이 문제를 고민해야 합니다.

8

개발자의 문제 해결법

개발자다운 문제 해결?

개발자들은 서로 '개발자답다'라는 우스갯소리를 주고받곤 합니다. 콘퍼런스에서 무료로 나눠 준 기업 명이 적힌 티셔츠를 입을 때나, 키보드의 압력과 소리에 대해 진지하게 논의할 때나, 까만 화면 위에 예쁜 색깔로 적힌 코드들을 멍하니 바라보고 있을 때 주로 그런 말을 하지요. 또 다른 경우로는 일상에서 논리적으로 문제를 해결했을 때가 있습니다.

재미있는 일화 하나를 들려드릴게요. 얼마 전 개발자 동료들 여섯이 한 테이블에 앉아 식사를 주문했는데, 음식이 3인분씩 두 접시로 나뉘어 나왔습니다. 세 명씩 마주 보고 앉아 있어서 양 끝에 앉은 네 명은 자신의 앞에 있는 접시에서 음식을 덜어 먹으려는데, 가운데 앉은 두 사람은 자신의 왼쪽과 오른쪽의

접시 중 어느 쪽을 먹어야 할지 몰라 머뭇거렸어요. 그러다 두 사람이 오른손잡이라는 사실을 떠올리고, 각자의 오른편에 있는 접시의 음식을 먹기로 했지요. 그때 한 동료가 "개발자다운 해결이었다."라며 흡족해했어요. 근거가 있는 문제 해결에 흡족해하는 모습마저 개발자다워 웃음이 나기도 했습니다.

한편 앞서 '개발자답다'와 관련해 언급한 사례들은 어떤 면에서 개발자에 대한 통념과 편견을 담고 있기도 합니다. 어떤 사람이든 개발자를 직업으로 삼을 수 있고, 실제로 다양한 사람이 프로그래머로 일하고 있어요. 제 동료 중에도 패션에 관심이 많은 개발자도 있고, 기계에 큰 관심이 없는 개발자도 있습니다. 논리적으로 사고하는 성향이 강한 사람도, 직관적으로 인지하는 성향이 강한 사람도 모두 개발자로 일할 수 있지요.

우리가 집중해야 할 것은 각자의 관심사, 성향과 무관하게 프로그래밍은 결국 문제 해결 과정이라는 점입니다. 수학 문제나 국어 문제를 푸는 것처럼 말이에요. 다만 종이와 연필로 푸는 것이 아니라, 컴퓨터를 사용한다는 점이 다릅니다. 컴퓨터로 문제를 해결하는 것은 빠르고 정확한 연산에 강점을 지닌다는 특징이 있습니다. 대신 직관적 감각을 컴퓨터에게 기대하기는 어렵지요. 그렇기 때문에 사람이 쉽게 푸는 문제를 컴퓨터는 어려워하기도 하고, 컴퓨터로 쉽게 푸는 문제를 사람이 풀기는 어렵기도 합니다.

예를 들어 우리는 고양이나 강아지가 찍힌 사진을 보면 사진 속 동물이 고양이인지 강아지인지 쉽게 맞힐 수 있습니다. 대부분 사진을 보자마자 알지요. 그런데 여러분은 사진 속 동물이 고양이인지 강아지인지 어떻게 알았나요? 어린아이에게 고양이와 강아지를 구별하는 방법을 어떻게 설명할 수 있을까요? 눈·코·입의 위치와 개수, 귀의 모양, 털이나 수염의 유무, 몸집 등 여러 특징이 각각 있겠지만 어떤 면에서 고양이와 강아지는 비슷하기도 합니다. 둘을 구별할 명확한 기준을 어떻게 설명할 수 있을까요?

이처럼 우리가 자연스럽게 인식하는 것을 명확한 기준을 따르는 연산 과정으로 표현하기란 결코 쉽지 않은 일입니다. 사실 고양이와 강아지를 구분하는 것은 대표적인 머신 러닝 문제 중 하나인 이미지 분류 문제입니다. 이미지가 주어지면 그것이 어떤 카테고리에 해당하는지 맞추는 유형입니다. 컴퓨터는 사진 속 동물을 맞추기 위해 오래도록 노력해 왔어요. 머신 러닝 분야가 지금과 같이 발전하기 전에는 더 어려운 문제였겠지요.

한편 사람이 풀기 어려운 복잡한 계산 문제를 컴퓨터는 엄청난 속도와 정확도를 자랑하며 거뜬하게 풀곤 합니다. 사람마다 장점이 다르듯 컴퓨터와 사람도 각자 잘하는 영역이 다른 모양입니다.

그럼 컴퓨터를 이용해서 어떻게 문제를 풀어 나갈 수 있을까요? 문제의 답은 정해져 있더라도 답을 찾아가는 길은 여러 갈래일 수 있습니다. 그러나 길을 찾는 방법은 대개 비슷합니

강아지와 고양이 사진. 우리는 이 중에 어떤 것이 고양이 사진인지 쉽게 가려낼 수 있다.
하지만 컴퓨터에게는 오랫동안 풀기 어려운 문제였다.

다. 앞서 살펴본 자료구조화와 더불어 '문제의 추상화'라는 방법이 필요해요.

추상화란 문제 해결에 필요한 핵심 요소를 추출하는 과정입니다. 잠시 퀴즈를 하나 맞혀 보시겠어요? 이 동물은 말목에

속하는 포유류로, 육상동물 중 두 번째로 몸집이 큽니다. 깔때기 모양의 귀는 전후좌우로 자유롭게 움직일 수 있고, 눈은 넓은 범위를 볼 수 있지만 시력이나 거리 감각이 좋지는 않습니다. 반면 청각은 아주 발달했고 뿔이 있습니다. 대부분 수영을 잘하고, 이빨은 식물을 씹기에 알맞으며 풀을 주식으로 먹습니다. 이 동물은 무엇일까요?

혹시 퀴즈가 어려웠다면 다음 설명을 들어 보세요. 이 동물은 코에 뿔이 달린 동물입니다. 눈치채셨나요? 정답은 코뿔소입

다양한 교통안전표지

니다. 코뿔소에 대한 길고 긴 설명보다도 코뿔소의 대표적 특징인 '코에 달린 뿔'이 정답을 맞히는 데에 도움이 되었을 겁니다. 즉, 코뿔소를 설명하려면 코뿔소의 핵심 요소인 코의 뿔을 소개해야겠지요.

이처럼 추상화는 문제 해결에 불필요한 요소와 필요한 핵심 요소를 판단하는 것을 의미합니다. 예를 들어 도로의 교통안전표지를 볼까요? 표지판들 또한 전달하고자 하는 내용의 핵심을 추출해 단순한 그림으로 표현한 결과입니다. 바로 교통안전과 관련된 메시지를 '추상화'하여 그림으로 그린 것이지요.

현실 속 문제를 컴퓨터 세상으로

추상화를 통해 우리는 복잡해 보이는 현실의 문제를 컴퓨터가 풀 수 있는 문제로 전환할 수 있습니다. 연습을 한번 해 볼까요?

집에서 출발해 학교까지 가는 길에, 친구네 집에 한 번씩 들러 친구들과 함께 가려고 합니다. 이때 각 집 사이의 거리와 소요 시간이 다 다르다면, 학교까지 가장 빨리 가는 길을 어떻게 찾을 수 있을까요? 친구네 집을 한 번씩 방문하는 모든 경우의 수에 대해 소요 시간을 계산해 볼 수 있을 겁니다. 그리고 그중 가장 빠른 길을 고르면 되겠지요.

이 문제를 추상화한다면 집을 하나의 점, 집과 집을 잇는 길을 하나의 선으로 그릴 수 있을 거예요. 그 후 각각의 선에 이동 시간을 뜻하는 값을 담아 그래프로 나타낼 수 있겠지요. 즉 이는 그래프에서 점과 점 사이를 잇는 빠른 경로를 찾는 문제가 됩니다.

이렇듯 추상화를 거쳐 문제를 단순화하면, 비슷한 해결 방법으로 현실 속의 다른 문제를 해결할 수 있습니다. 각 점이 친구네 집이 아니라 하나의 도시로, 값을 지닌 선은 도시와 도시를 잇는 고속도로의 통행료라고 생각해 보면 어떨까요? 현재 내가 있는 도시에서 출발해 모든 도시를 한 번씩 경유하며 목적지로 간다고 할 때, 가장 석은 통행료를 지불하며 목적지에 도착하는 경로를 찾는 문제를 풀 수 있을 겁니다.

유명한 한붓그리기 문제인 쾨니히스베르크의 다리 문제는 실제 독일의 옛 도시인 쾨니히스베르크의 독특한 지형에서 시작되었습니다. 이곳에는 두 개의 섬과 일곱 개의 다리가 있는데요. 어느 한 지점에서 출발해 모든 다리를 한 번씩만 지나 출발점으로 돌아오는 경로를 찾는 문제입니다. 수학자 레온하르트 오일러는 이 문제를 그래프의 형태로 추상화하고, 모든 점에 연결된 선이 짝수 개여야만 조건을 만족하는 경로를 찾을 수 있다는 답을 내놓았습니다. 이 문제를 시작으로 수학의 '그래프 이론' 분야가 생겨났어요.

현실의 문제를 다룰 때 특정 요소가 문제 해결에 중요한 요소인지 아닌지를 판단하는 기준은 사람마다 달라지기도 합니

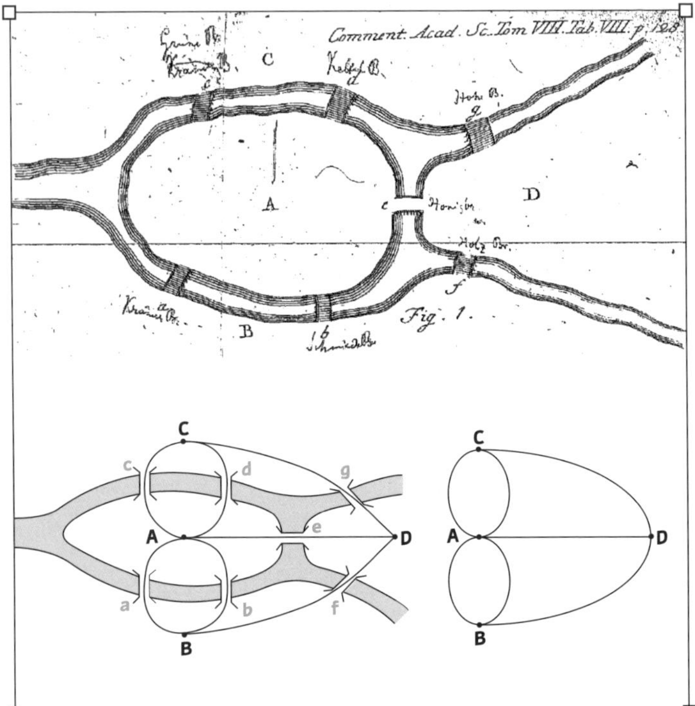

오일러의 논문에 실린 쾨니히스베르크의 다리 그림(위)과 이것을 추상화한 그래프(아래). 그래프를 보면, 모든 점이 홀수 개의 선으로 연결되어 있다. 따라서 한 번씩만 다리를 건너는 경로는 찾을 수 없다는 것을 알 수 있다.

다. 여러 개의 펜 중 하나의 펜을 골라야 할 때, 어떤 사람은 색이 중요할 수도 있고, 어떤 사람은 글씨를 쓸 때의 감촉이, 어떤 사람은 펜의 모양이 중요할 수 있지요. 또한 대중교통으로 이동 경로를 찾을 때 어떤 사람은 환승을 적게 하는 경로를 좋아할 수 있고, 어떤 사람은 소요 시간이 적게 걸리는 경로를, 어떤 사람은 가장 적게 걷는 경로를 좋아할 수도 있습니다.

요컨대 문제 해결의 기준이 사람에 따라 달라질 때는 컴퓨터를 통해 문제를 해결할 수가 없습니다. 답을 내리는 과정에서 사람의 가치판단이 들어가야 하고, 이 경우에는 문제의 정답이 하나로 정해져 있지 않기 마련이지요. 다르게 말해, 문제 해결의 기준이 명확할 경우에는 컴퓨터를 통해 문제를 해결할 수 있다는 것입니다.

문제 해결의 가장 중요한 첫 단계는 문제를 분석하고 표현해 보는 것입니다. 그리고 추상화와 더불어 문제를 분석할 때 유용한 방법 중 하나는 큰 문제를 여러 개의 작은 문제로 쪼개 보는 것입니다. 예를 들어 무인 편의점 계산대에 사용할 프로그램을 만든다면 소비자가 물품의 바코드를 찍었을 때 바코드를 인식하는 단계, 바코드에 맞는 물품의 가격을 가져오는 단계, 바코드를 찍은 여러 물품의 가격을 합하는 단계, 결제를 지원하는 단계가 필요합니다. 그리고 단계마다 오류가 발생했을 때 어떻게 대응할 것인지도 설계해야겠지요. 이렇게 해결하고자 하는 문제를 작은 문제들로 나누고 각각의 해결 방법을 하나씩 찾아 나가다 보면 문제 해결로 가는 길이 명확해집니다. 막연해 보이던 문제도 차근차근 해결할 수 있지요.

효율적으로 문제 해결하기

문제의 분석을 마쳤다면 해결 방법을 찾아야 합니다. 추상화를 통해 문제 해결의 목적지가 생겼으니, 목적지까지의 길을 알고리즘으로 그려 볼 차례이지요. 알고리즘이란 문제 해결을 위해 해야 할 일을 순서대로 설명하거나 표현한 것 또는 그러한 문제 해결 방법 자체를 말합니다. 한마디로 말해 알고리즘은 문제 해결의 핵심 열쇠예요.

일상생활 속에서도 알고리즘을 접할 수 있는데요. 음식을 조리하는 방법을 순서대로 적은 레시피, 커다란 모형 우주선을 조립하는 방법을 단계별로 그려 놓은 레고 조립 설명서와 같은 것이 바로 알고리즘입니다. 조리법이나 설명서에는 하나의 일을 완수한 다음에 해야 할 일이 한 단계 한 단계 차례대로 적혀 있지요.

프로그래밍 속 알고리즘도 이처럼 명확한 순서가 정해진 작업 절차라고 할 수 있습니다. 알고리즘은 글로 표현할 수도 있고 순서도나 의사코드로 표현할 수도 있지만, 결국은 컴퓨터가 수행 가능한 명령어로 나타낼 수 있어야 합니다. 문제 해결을 위해 선택한 알고리즘을 프로그래밍 언어로 코딩해 명령어가 구성되면, 컴퓨터에서 그에 따라 일련의 작업을 수행하고 결과를 출력하게 되지요.

그런데 동일한 목적지까지 가는 것이라 해도 그 길은 여러 갈래일 수 있습니다. 알고리즘도 마찬가지입니다. 따라서 문제를 해결할 수 있는 알고리즘 중 가장 효율적인 것을 선택하는 일이 매우 중요합니다. 특히 컴퓨터로 문제를 해결할 때는 코드를 통해 반복 작업을 여러 번 실행할 수 있다는 획기적인 강점이 있습니다. 하나의 입력 값에 대해 필요한 작업을 반복할 수 있는 것은 물론이고, 다양한 값을 입력하더라도 똑같은 작업을 거쳐 입력 값에 따른 답을 출력할 수 있지요. 그래서 효율적인 알고리즘이 무엇인지 찾아내는 것이 정말 중요할 때가 많습니다.

알고리즘의 효율성은 크게 시간과 공간 측면에서 판단할 수 있습니다. 특정 알고리즘을 통해 문제를 해결하는 데 얼마나 오랜 시간이 걸리는지, 혹은 얼마나 많은 저장 공간이 필요한지를 파악하는 것입니다. 시간의 관점에서는 대체로 연산 횟수를 살펴봅니다. 비교연산, 산술연산 등 문제 해결에 필요한 총 연산 횟수를 추정해 프로그램의 총 실행 시간을 예상하는 것이지요. 그리고 공간의 관점에서는 문제 해결에 사용하는 데이터의 저장 공간을 생각합니다.

예시로 한번 살펴봅시다. 숫자가 적힌 카드 여덟 장이 무작위로 섞여 있습니다. 이 카드들을 왼쪽에서 오른쪽으로 갈수록 숫자가 커지도록 정렬하고자 합니다. 풀이 방법이 떠오르나요? 그냥 가장 작은 수가 적힌 카드부터 순서대로 고르면 되는 작업인데 방법이랄 것이 있을까요? 컴퓨터는 기준에 따른 명령은 아주 잘 수행하지만, 기준 자체를 세우거나 자율적으로 해결 방법을 찾지는 못합니다. 컴퓨터가 문제를 어떤 식으로 푸는지 알아보기 위해 정렬 문제를 해결하는 알고리즘 중 병합 정렬과 선택 정렬을 살펴보겠습니다.

먼저 병합 정렬은 문제를 작은 단위로 나누어 해결한 뒤, 큰 단위의 문제로 합쳐 나가는 방법입니다. 우선 이웃한 두 개의 카드를 비교해서 작은 수가 적힌 카드를 왼쪽에, 큰 수가 적힌 카드를 오른쪽에 둡니다. 그럼 크기대로 정렬된 두 개의 카드가 네 쌍이 나오겠지요. 그럼 이제 이웃한 두 개의 카드 묶음을 합치며

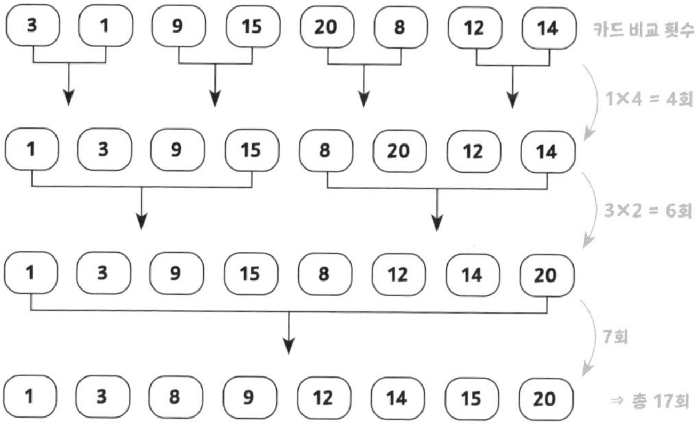

병합 정렬 방식으로 여덟 장의 카드를 정렬하는 방법.
카드 간 비교연산이 총 17회 이루어진다.

또 한 번 크기대로 정렬하는 단계를 거칩니다. 그럼 정렬된 네 개의 카드 두 쌍이 생기겠지요. 마지막으로 이 두 개의 카드 묶음을 하나로 합치면 정렬이 완료됩니다.

이때 정렬된 카드 묶음 두 쌍을 하나의 정렬된 카드 묶음으로 합치는 과정이 중요한데요. 이 과정을 컴퓨터에게 어떻게 지시하면 좋을까요? 앞서 컴퓨터는 반복 작업을 잘한다고 말했습니다. 이 과정도 컴퓨터가 여러 번 반복하면 해결할 수 있는 형태로 만들면 좋을 것 같네요. 어떤 방법이 있을까요?

여러 가지 방법이 있겠지만, 우선 각 카드 묶음이 이미 크기대로 정렬되어 있다는 특성을 활용할 수 있을 거예요. 각 묶음에서 왼쪽에 있는, 즉 가장 작은 수가 적힌 카드를 꺼내 서로 비교하기를 반복하는 것이지요. 예를 들어 아래 그림과 같이 8과 20이 적힌 카드가 A 묶음, 12와 14가 적힌 카드가 B 묶음으로 정렬되어 있을 때, 두 묶음을 하나의 정렬된 카드 묶음으로 합치

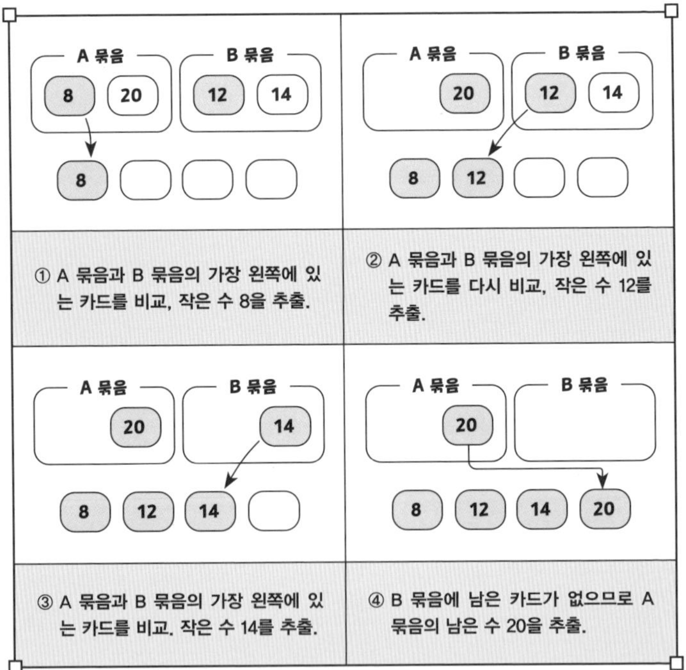

두 개씩 정렬한 카드 두 묶음을 병합해 카드 네 장을 정렬하는 방법.
네 단계에서 카드 비교는 총 세 번 수행되었다.

는 과정은 다음과 같습니다.

먼저 각 묶음의 가장 왼쪽에 있는 카드인 8과 12를 비교해 작은 수가 적힌 8 카드를 가져옵니다.① 그럼 A 묶음에는 20이, B 묶음에는 12와 14가 남겠지요. 그다음 다시 각 묶음에서 가장 왼쪽에 있는 카드인 20과 12를 비교합니다. 그리고 더 작은 수 12가 적힌 카드를 가져옵니다.② 이 과정을 한 번 더 반복합니다.③ 이제 A 묶음에는 20 카드 한 장이 남아 있고, B 묶음에는 아무 카드도 남아 있지 않겠지요. 따라서 마지막 단계에서는 남은 카드 20을 가져옵니다.④ 총 네 단계를 거쳐 네 장의 카드를 순서대로 정렬한 결과가 만들어졌습니다. 이런 과정을 반복해서 총 여덟 장의 카드를 정렬할 수 있는데요. 이때 총 17번의 비교연산이 필요합니다.

한편 선택 정렬은 모든 카드를 비교해서 가장 작은 수가 적힌 카드를 하나 선택한 후, 남은 카드를 다시 모두 비교하는 과정을 반복하는 방식입니다. 여덟 장의 카드 중 가장 작은 수를 고르려면 일곱 번의 비교연산이 실행되어야 합니다. 그렇게 가장 작은 수가 적힌 카드를 골라낸 다음, 남은 일곱 장의 카드를 모두 다시 비교하려면 여섯 번의 비교연산이 필요하지요. 카드가 한 장이 남을 때까지 이 과정을 반복하면 카드는 크기순으로 정렬됩니다. 선택 정렬 알고리즘을 사용하면 여덟 장의 카드를

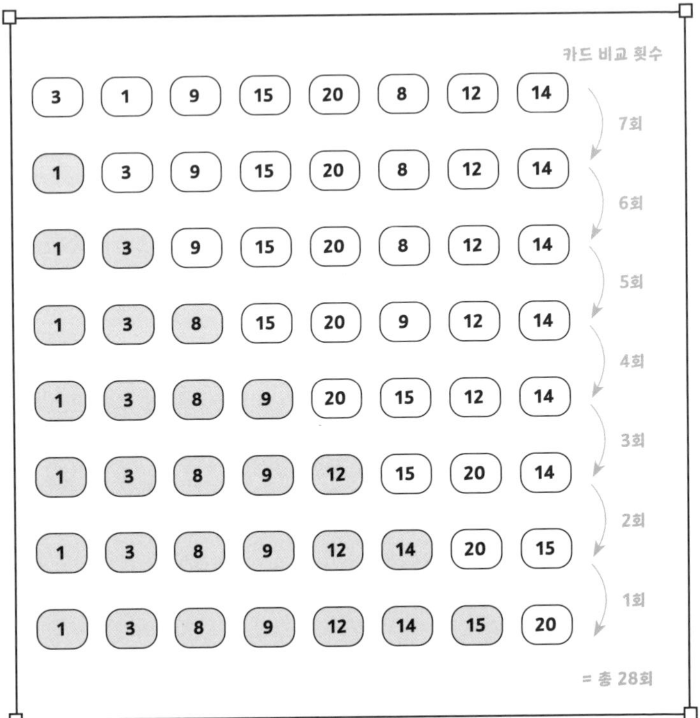

선택 정렬 방식으로 여덟 장의 카드를 정렬하는 방법.
남아 있는 카드 중 가장 작은 수가 적힌 카드를 정렬이 완료된 카드(하늘색)의 오른쪽에 놓는다. 카드 간 비교연산이 총 28회 이루어진다.

정렬하는 데는 총 28번의 비교연산이 필요해요.

만약 카드가 여덟 장이 아니라 1,000장이라면 비교연산의 횟수는 그 차이가 훌쩍 커집니다. 병합 정렬은 대략 9,000번, 선택 정렬은 대략 50만 번의 연산이 필요하지요. 이처럼 같은 문제도 어떤 알고리즘을 사용해 해결하느냐에 따라 프로그램 실행 시간이 달라집니다.

물론 정렬 프로그램의 연산이 우리가 직관적으로 살펴본 카드의 비교연산만으로 이루어지는 것은 아닙니다. 연산 과정도 조금 다르지요. 예를 들어 병합 정렬에서 A 묶음과 B 묶음의 가장 왼쪽에 있는 수를 비교하는 과정은 A 묶음에 남아 있는 카드의 수를 확인하고 B 묶음에 남아 있는 카드의 수를 확인하여, 두 묶음 모두 카드가 남아 있다면 가장 왼쪽에 있는 작은 수를 꺼내어 비교하는 과정으로 더 세분화됩니다. 그리고 카드 간 비교연산 외에 카드의 값을 입력받거나 정렬된 결과를 출력하는 과정도 필요하고, 연산 중간에 필요하다면 값을 저장하는 과정도 필요하지요. 그러나 가장 중요한 것은 카드의 수가 달라질 때 알고리즘의 실행 시간, 즉 수행해야 하는 연산의 양이 어떻게 변화하는지 그 경향성을 파악해 알고리즘의 효율성을 판단하고 알고리즘 간 특징을 비교할 수 있어야 한다는 점입니다.

카드의 수처럼 실행 속도에 큰 영향을 끼치는 입력 값을 바탕으로 문제 해결 시간을 나타낸 것을 시간 복잡도라고 부릅니다. 위에서 살펴본 것처럼 카드의 수가 많아질수록 병합 정렬이 선택 정렬보다 연산 횟수가 적고, 결과를 빠르게 만들어 내는데요. 이를 "병합 정렬의 시간 복잡도가 선택 정렬의 시간 복잡도

보다 낮다."라고 표현합니다.

마찬가지로 문제 해결에 필요한 공간의 규모를 나타낸 것을 공간 복잡도라고 부릅니다. 병합 정렬 과정에서 각 묶음에서 꺼낸 카드를 비교한 후 작은 수를 내려놓을 새로운 공간이 필요하다면 카드의 수가 많아질수록 필요한 공간이 늘어날 거예요. 반면 선택 정렬에서 카드의 위치를 바꿔 가며 정렬했다면 카드가 아무리 많아져도 카드가 놓이는 공간 외에 필요한 공간이 추가로 필요하지는 않겠지요. 그렇다면 선택 정렬은 입력 값과 상관없이 필요한 공간의 크기가 변하지 않기 때문에 상수를 뜻하는 1의 공간 복잡도, 즉 가장 낮은 공간 복잡도를 가진다고 말할 수 있습니다.

알고리즘을 찾아 떠나는 여행

앞에서 살펴보았듯 같은 문제를 해결하는 알고리즘에는 여러 가지가 있을 수 있습니다. 그럼 그 여러 방식 가운데 자신의 문제를 해결하는 알고리즘은 어떻게 찾을 수 있을까요? 만약 여러 개의 알고리즘을 찾았다면 그중 어떤 알고리즘이 가장 효율적인지 어떻게 판단할까요?

카드 정렬 문제를 한번 더 떠올려 봅시다. 카드를 정렬할 때 가장 효율적인 알고리즘은 실행 속도가 빠른 병합 정렬일까요, 아니면 공간을 절약하는 선택 정렬일까요? 정답은 '상황에 따라 다르다.'입니다.

예를 들어 반응 속도에 민감한 프로그램이라면 시간 복잡도가 알고리즘의 효율성을 판단하는 데에 중요한 역할을 할 테고, 저장 공간이 매우 부족한 상황에서 프로그램이 동작해야 한다면 공간 복잡도를 중요하게 고려해 알고리즘을 선택해야겠지요. 물론 어떤 알고리즘은 시간도 오래 걸리고 공간도 많이 필요할 수 있습니다. 하지만 그 알고리즘이 절차가 매우 간단해서 알고리즘을 작성한 코드의 가독성이 뛰어나다면 어떨까요? 코딩을 처음 접하는 사람이 학습하기에는 그런 알고리즘이 효율적일 수 있을 거예요.

이렇게 알고리즘을 선택할 때는 알고리즘 자체의 특성과 더불어 문제가 놓인 환경을 고려해야 합니다. 사실 이러한 고민은 문제를 정의할 때 이루어져야 하는 일이기도 합니다. 단지 카드를 정렬하는 문제가 아니라, '빠르게' 카드를 정렬하는 문제 혹은 '공간을 절약해서' 카드를 정렬하는 문제로 정의한다면, 요구 사항을 이해하고 적합한 알고리즘을 고르는 데에 도움이 되겠지요.

문제를 해결하는 것, 적합한 알고리즘을 찾는 것은 프로그래밍의 기초 역량을 키우는 데에 도움을 줍니다. 다양한 자료구조와 알고리즘을 이해하고 특성에 맞게 활용할 줄 안다는 것은 실질적 프로그래밍 역량이 있다는 뜻이기도 하지만, 합리적 방법을 찾는 연습을 하고 주어진 문제를 스스로 해결하고자 고민해 본 시간이 그만큼 많다는 것을 의미하기도 하지요.

이러한 역량의 중요성 때문에 세계 곳곳의 학회 또는 기업에서는 문제 풀이 대회를 열기도 합니다. 프로그래밍 경시대회에서는 시험지를 받아 연필로 문제를 푸는 대신, 각자 컴퓨터 앞에 앉아 문제를 풀고 코드를 제출하지요. 문제를 빠르게 많이 푼 사람에게는 상금이 주어지기도 하고 해당 기업에 입사할 기회가 주어지기도 합니다.

수학 문제를 풀 때 문제를 보자마자 해법이 떠오를 때도 있고, 문제를 아무리 뚫어져라 바라봐도 도무지 어떻게 풀어야 할지 알 수 없을 때도 있지요. 컴퓨터로 문제를 풀 때도 비슷합니다. 직관적으로 적절한 알고리즘이 떠오를 때도 있지만, 몇 날 며칠을 고민해도 실마리가 보이지 않아 답답할 때도 있어요. 그러나 오랫동안 고민하던 문제를 해결할 길이 갑자기 보이는 순간, 그리고 생각난 알고리즘을 구현해서 문제를 해결하는 순간에는 짜릿함을 느끼기도 합니다.

알고리즘을 찾는 방법은 여러 가지입니다. 자물쇠에 맞는 열쇠를 찾기 위해 열쇠 꾸러미의 모든 열쇠를 열쇠 구멍에 꽂아 보듯 하는 방법도 있고, 작은 규모부터 차근차근 살펴보며 규칙성을 찾거나 입력 값에 따른 출력 값의 흐름으로 문제의 특성을 추론할 수도 있습니다. 혹은 이전에 풀었던 비슷한 문제를 떠올려 볼 수도 있고, 직관적으로 답을 알 수 있는 경우라면 답에서부터 거꾸로 거슬러 올라가 볼 수도 있지요.

그러나 이 과정들을 시도하기 전에 가장 먼저 해야 할 일은 문제에서 요구하는 조건을 명확히 이해하는 것입니다. 때로는 문제가 명확하게 정의되어 있지 않기도 하니까요. 대회에서 마주하는 문제는 그런 경우가 거의 없지만, 현실 속의 문제들은 정의가 명확하지 않은 경우가 있을뿐더러, 우리가 알아차리지 못한 핵심이 그 문제 어딘가에 숨어 있는 경우도 많아요. 심지어는 문제를 푸는 도중에 요구 조건이나 문제를 둘러싼 환경이 달라지기도 해요. 현실은 언제나 변화하니까요. 그럴 때를 대비해 문제에 영향을 주는 요소들을 미리 살펴보고 가능한 부분은 대비해 두기도 합니다. 문제를 해결하는 과정 자체도 중요하지만, 그보다 먼저 우리가 마주한 상황을 어떻게 문제로 정의할지, 어디서부터 어디까지를 해결해야 할 문제로 바라볼지 구상하는 것부터 문제 해결 과정의 시작이라는 점을 잘 기억하면 좋겠어요.

01001
10101

돌아보고 다시 나아가기

그럼 문제 해결 과정의 끝은 무엇일까요? 적합한 알고리즘을 찾았다고 해서, 알고리즘을 코드로 구현했다고 해서 문제가 해결되었다고 단언할 수는 없습니다. 코드를 실행해보고 원하던 대로 결괏값이 정확하게 나오는지, 혹은 문제에서 요구하는 조건들을 모두 만족하는지 평가하는 단계를 거쳐야 비로소 문제가 해결되었다는 판단을 내릴 수 있습니다.

세상의 모든 문제가 문제집 속 오지선다 문제처럼 정답이 정해져 있다면 편하겠지만, 우리가 사는 세상은 그렇게 단순하지 않습니다. 가끔은 어떤 것이 정답인지 모르는 문제도 있고, 어떤 것을 정답에 가깝다고 판단해야 할지 헷갈리는 문제도 있습니다. 그럼 문제를 잘 해결했다고 어떻게 평가할 수 있을까요?

여러분이 사용자가 좋아할 만한 책을 추천해 주는 프로그램을 만들었다고 해 봅시다. 그럼 사용자가 좋아하는 책을 고르는 것이 풀어야 할 '문제'가 될 텐데요. 프로그램 사용자에게 책을 추천했을 때, 사용자가 실제로 이 책을 좋아하는지는 어떻게 알 수 있을까요?

모든 사용자에게 추천받은 책이 마음에 드는지 물어볼 수 있을까요? 추천의 품질이 마음에 드는지 질문할 수는 있겠지만, 사용자의 응답률이 낮다면 설문 결과의 신뢰도가 낮겠지요. 혹은 사용자의 로그 데이터를 살펴 사용자의 선호도를 추정할 수도 있습니다. 추천한 책의 정보를 보기 위해 상세 페이지를 클릭했다거나 추천받은 책을 구매했다면 사용자가 흥미를 느낀 것이라고 짐작할 수 있지요. 하지만 사용자가 잘못 클릭했을 수도 있고 친구의 책을 대신 구매했을 수도 있어요. 어떤 경우에는 완벽한 평가 기준이 없을 수도 있을 거예요.

평가 기준을 세우면 알고리즘이 우리가 의도한 방향으로 잘 작동해 문제가 해결되고 있는지 판단할 수 있습니다. 그런데 평가 기준을 세워야 하는 더 중요한 이유가 있어요. 평가 기준은 알고리즘을 어떻게 개선하면 좋을지 그 방향성을 제시해 줍니다. 사용자가 다양한 책을 구경하기를 바라는지, 혹은 한 권의 책이라도 끝까지 읽기를 바라는지, 혹은 좋아하는 분야의 책을

많이 알기를 바라는지에 따라 문제 정의가 달라지고 해결 방법 또한 달라집니다. 즉 프로그램이 사용자의 어떤 행동을 돕기를 바라는지, 알고리즘을 거쳐 사용자에게 어떤 영향을 주고 싶은지 이해하는 것이 문제 해결 과정을 제대로 이해하는 일이라 할 수 있겠습니다.

문제를 이해하고, 해결 방법을 찾고, 결과를 평가하는 과정은 순차적 단계로 진행되기도 하지만 항상 순서대로 이루어지지는 않습니다. 문제를 푸는 과정에서 새롭게 문제를 이해하게 되기도 하고, 문제를 정의할 때 결과를 예상하고 평가의 범주를 구상하기도 하지요. 각 단계는 서로 영향을 주고받으면서 더 깊이 있는 과정을 만들어 나가기도 합니다.

지난한 과정처럼 느껴지겠지만, 하나의 문제를 해결하는 경험은 또 다른 문제를 찾고 정의하는 데에 밑거름이 됩니다. 문제를 찾고, 효율적으로 해결하고, 논리적으로 평가해 봄으로써 긍정적 결과를 만들어 내는 경험은 나중에 더 어려운 문제를 만났을 때 용기 있게 도전하고 씩씩하게 성취할 수 있는 바탕이 될 거예요. 문제를 풀고 있는 매 순간 우리는 다음 문제를 해결할 준비를 하는 셈이라고 말할 수 있겠네요.

9

코드로 세상 바라보기

프로그램이 편견을 배운다고?

기술 개발은 역사적으로 다양한 분야에서 활발히 이루어져 왔습니다. 물리적 기계의 발전이나 자연과학, 의학 등에 비하면 프로그래밍의 역사는 오히려 짧은 편이지요. 하지만 그 길고 짧음과는 무관하게 기술 개발의 역사에서 보편적인 인간의 모습은 성인 남성으로 가정된 경우가 많았습니다.

신약 개발 과정에서 임상 실험의 대상으로 대부분 남성을 선정했고, 실험 대상의 성별을 표기하지 않은 경우도 많다고 합니다. 질병이 있거나 약을 먹는 사람은 성인 남성에 한정되지 않는데도 말이지요. 그 결과 대장암 환자에게 처방되는 한 항암제는 여성에게서 더 많은 부작용을 보였다고 합니다.[1] 이러한 차이는 신약 개발 과정에서 키, 몸무게, 호르몬, 대사 등 다양한 신체 조건을 고려하지 않은 결과일 수 있지요.

또한 안전벨트, 에어백, 경고 센서 등 자동차의 안전장치도 꾸준히 발전해 왔지만 오랜 기간 충돌 실험은 대부분 성인 남성의 신체를 표준으로 삼아 이루어졌습니다. 그래서 체구가 작은 여성이나 몸무게가 많이 나가는 사람은 이러한 안전장치가 있더라도 부상 위험이 더 높다고 해요. 최근에는 임신부에 대한 안전 설계가 별도로 이루어져야 한다는 주장이 제기되기도 했지만, 아직 관련 기준이나 제도가 없어 실제 안전 시험에는 포함되지 않는다고 해요.[2]

이처럼 기술을 사용하는 인간에 대한 이해와 고려가 부족해 사용자를 차별하는 결과를 만든 사례는 프로그램 개발 과정에서도 흔히 볼 수 있습니다. 여성의 신체를 비현실적으로 부각한 캐릭터들이 등장하는 게임이나, 회원 가입 시 남성 또는 여성으로 성별을 반드시 선택하도록 하는 문항 등 여성에 대한 편견을 강화하거나 소수자를 배제한 경우를 떠올릴 수 있지요.

게다가 인공지능(AI) 기술이 발전하면서 기획 단계에서 의도하지 않았던 문제가 등장하기도 했습니다. 마이크로소프트, IBM, 아마존 등 세계적인 IT 기업들이 공개한 얼굴 인식 프로그램은 모두 백인 또는 남성에 비해 유색인종 또는 여성을 인식하는 정확도가 현저히 떨어졌습니다. 이 인공지능 프로그램을 개발하는 데 사용된 데이터가 충분히 다양하게 구성되지 않았기 때문입니다.

인공지능을 간단히 정의하면 '인간의 학습 능력과 지능을 모방하는 기술'입니다. 인공지능 챗봇, 자율 주행 자동차, 스마트 스피커, 이미지 검색, 번역 등 우리가 떠올릴 수 있는 각종 인공지능 서비스들은 머신 러닝 분야의 기술이 적용된 경우가 많지요.

머신 러닝은 인공지능을 구현하는 대표적 방법으로, 대량의 데이터로 기계를 학습시키는 방식입니다. 기계가 학습할 수 있다니, 그렇다면 혹시 디스토피아 영화처럼 인간을 지배하는 로봇이 등장하게 되는 것일까요? 암세포 발견이나 심장병 진단 등 도전적 문제가 제시되는 세계적인 머신 러닝 대회 플랫폼 '캐글(kaggle)'의 예제를 통해 머신 러닝을 이해해 봅시다.

캐글의 대표적 예제 중 하나는 바로 집의 가격을 예측하는 문제입니다. 집이 위치한 도시, 집에서 도로까지의 거리, 경사, 주거 유형, 층수, 1층의 넓이, 방의 개수, 집이 팔린 연도 등 약 80여 개의 특성과 집의 가격이 담긴 데이터가 주어집니다. 우리는 집의 어떤 '특성(feature)'이 집의 가격에 영향을 주는지 파악하고, 집의 특성이 주어졌을 때 집의 가격을 자동으로 예측하는 프로그램을 만들어야 합니다.

각 특성은 1층의 넓이처럼 수치로 표현되어 있기도 하고 주거 유형처럼 문자로 표현된 카테고리를 담고 있기도 합니다. 그리고 어떤 집은 몇몇 특성의 값이 조사되지 않아 알 수 없는 상태로 비어 있기도 하지요. 머신 러닝으로 이 문제를 풀려면 이러한 데이터를 분석해 문제 해결에 도움이 될 집의 특성을 판단해야 합니다.

예를 들어 1층의 넓이가 커질수록 집값이 달라지는지, 그 정도에 경향성이 있는지 밝히는 것입니다. 예외가 있을 수 있겠지만 대체로 1층의 넓이가 클수록 크기가 큰 집일 테고, 큰 집은 대개 가격이 비싸니 1층의 넓이는 집의 가격을 예측할 때 의미 있는 특성이라고 할 수 있습니다. 이렇게 예측하고자 하는 값과 연관성이 큰 특성을 '상관도가 높다'라고 말합니다. 한편 집이 언제, 즉 몇 년도에 팔렸느냐와 집의 가격 사이에 일정한 경향성이 보이지 않는다면 집이 팔린 년도와 집의 가격은 상관도가 낮다고 할 수 있지요.

이러한 상관관계는 여러 개의 집을 특성과 가격에 따라 그래프를 그려 보며 판단할 수 있습니다. 추가로 어떤 특성에 빈값이 많은지, 잘못된 정보가 오류로 들어가 있지는 않은지, 이상하리만치 예외적인 가격대의 집이 있지는 않은지 등 데이터를 전반적으로 살펴보고 필요한 경우 값을 보정하기도 하지요.

이렇게 데이터의 패턴과 문제점을 발견하는 과정을 거친 뒤 데이터의 특성을 선별해 기계를 학습시킵니다. 기계를 학습시키는 과정은 쉽게 말해, 1층의 넓이 또는 다른 특성들에 '어떤 값'을 곱하거나 '특정 값'을 더했을 때 해당 집의 실제 가격과 비슷해지는지 계산해 보는 것입니다.

여기서 '어떤 값'은 특성에 따라 예측 값이 변하는 정도를 반영하는 값으로 '가중치(weight)'라고 부릅니다. 그리고 '특정 값'은 가중치가 적용된 예측 값을 보정하는 역할을 하며 '편향(bias)'이라고 불러요. 이 둘을 아울러 '매개변수(parameter)'라고 부릅니다. 매개변수는 특성 간 혹은 특성과 예측 값 간의 유사점과 차이점을 반영합니다. 여러 집의 데이터를 통해 매개변수로 적합한 값을 찾았다면, 이를 통해 1층의 넓이가 주어졌을 때 실제 집의 가격을 유추할 수 있을 거예요.

하지만 복잡한 현실의 데이터들은 곱셈 한 번 혹은 덧셈 한 번으로 규칙성을 밝히기 어렵습니다. 그래서 가능한 한 많은 데이터를 사용해 매개변수를 조정해 나가거나 복잡한 구조로 매개변수를 사용합니다. 이 매개변수와 구조를 통틀어 '모델'이라고 표현해요. 어떤 문제, 어떤 데이터가 주어지느냐에 따라 적합한 구조가 달라지기 마련이고, 구조를 탐색하고 매개변수 값을 조정하다 보면 예측 값이 실제와 더 유사해지는 조합을 찾을 수

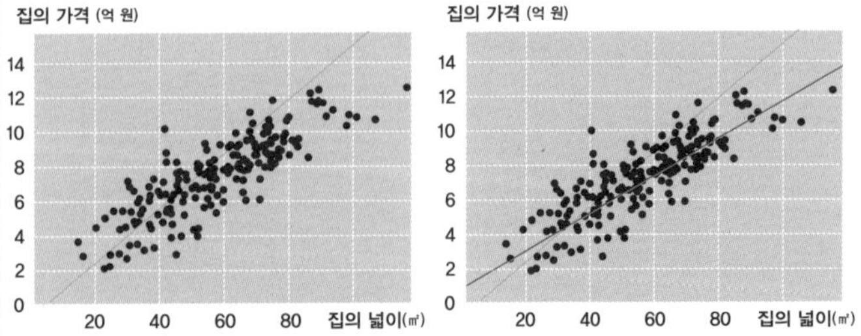

집의 넓이에 따른 가중치를 찾아가는 과정. 실선은 예측 값, 검은 점은 실제의 집값이다. 1차 예측 값인 초록색 실선은 어떤 값은 적중했지만 어떤 값은 실제와 차이가 있다. 이러한 예측 값과 실제 값 사이의 차이를 모두 더한 값이 최소가 되는 실선을 찾아 나가는 과정이 '기계를 학습시키는 과정', 즉 머신 러닝이다.

있습니다.

즉 기계를 학습시킨다는, 또는 모델을 학습시킨다는 것은 이 조합을 찾아내는 과정을 말합니다. 그리고 학습된 모델을 사용해 특성을 입력했을 때 그에 따른 예측 값을 산출하도록 하는 것이 바로 머신 러닝의 대표적인 문제 풀이 흐름입니다. 이런 과정을 통해 얼굴 인식, 질병 예측 등 다양한 인공지능 기술이 만들어지지요.

혹시 머신 러닝의 짝꿍이라 할 만한 '딥 러닝'도 들어 봤나요? 딥 러닝은 머신 러닝의 한 분야이기도 한데요. 대개 머신 러닝보다 더 많은 데이터와 더 복잡한 모델, 즉 매개변수가 더 많은 모델을 사용합니다. 머신 러닝은 어떤 특성이 중요한지를 개발자가 판단해 데이터로 사용할 특성을 선별하는 반면, 딥 러닝은 데이터가 훨씬 많고 모델이 복잡하기 때문에 개발자가 직접 특성을 고르지 않아도 학습과 예측이 가능합니다. 그 덕분에 더 어렵게 느껴지는 문제를 해결하기도 하지요.

그런데 사실상 딥 러닝에서도 특성을 선별하는 과정이 있기도 하고, 머신 러닝과의 구분이 명확하지는 않습니다. 둘의 차이를 구분하는 것보다 더 주목해야 할 사실은 머신 러닝과 딥 러닝 기술을 구현하려면 (경우에 따라 규모의 차이는 있지만) 충분히 많은 데이터를 입력해 알고리즘에 사용할 모델을 학습시키는 과정이 필요하다는 점입니다. 세상을 떠들썩하게 만든 챗봇 '챗지피티(ChatGPT)'가 등장할 수 있었던 것도 수십억 개에서 1,700억 개에 달하는 매개변수로 이루어진 초거대 언어 모델(LLM, Large Language Models), 그리고 그렇게 많은 매개변수를 학습하는 데에 사용된 대량의 학습 데이터 덕분입니다. 즉, 인공지능 프로그램 개발은 학습에 사용될 데이터를 모으고 가공한 후 기계를 학습시켜 모델을 만들고, 그 모델을 활용해 프로그램을 만드는 과정으로 이루어집니다.

우리에게는 휴대폰이 정말로 나의 얼굴을 알아보거나 내 말에 컴퓨터가 대답하는 것처럼 느껴지지만, 이미지를 인식하고 분류하거나, 입력된 문장에 대해 적절한 답변을 출력하는 자연어 처리 등의 인공지능 기술들은 실제로는 데이터의 특성이나 규칙을 찾아가는 계산 과정입니다.

따라서 학습에 사용하는 데이터의 특징이 학습 후 만들어 내는 결과에 반영되곤 합니다. 그렇기 때문에 학습에 사용되는 데이터의 질이 상당히 중요해요. 문제 해결을 위해 준비한 데이터가 세상을 어떻게 반영하고 있는지 세심하게 살펴봐야 하는 이유이지요. 즉, 그 데이터가 어떤 성별 분포를 보이는지, 인종 다양성은 확보되었는지, 사회적 차별과 혐오를 그대로 반영하고 있지는 않은지 충분히 점검해야 합니다. 콩 심은 데 콩 나고 팥 심은 데 팥 나듯이, 편견을 반영한 데이터로 학습하면 결과에도 편견이 담기고 말 테니까요.

프로그램과 함께 살아가는 법

편견을 학습한 프로그램을 사용한다는 것이 어떤 의미인지 좀 더 구체적으로 살펴볼까요? 가령 보행자를 인식하면 주행을 멈추는 기능을 자율 주행 자동차에 탑재하려 할 때, 유색인종 여성의 얼굴을 인식하지 못하는 얼굴 인식 프로그램을 사용하게 된다면 어떤 일이 벌어질까요? 차량이 유색인을 인식하지 못해 사고가 벌어진다면 사람의 피부색에 따라 도로의 안전 정도가 달라지는 끔찍한 사회가 되고 말겠지요.

간혹 이런 문제는 데이터의 구성이 사회의 모습을 반영한 결과일 뿐 아니냐는 의견도 있습니다. 예를 들어 인공지능 번역기가 특정 직업을 특정 성별로 가정해 번역하는 경우가 종종 있는데요. 문장을 번역할 때 '대통령'은 남성을 지칭하는 대명사를 사용하고, '간호사'는 여성을 지칭하는 대명사를 사용하는 식입니다. 이러한 번역 결과를 두고 역사적으로 남자 대통령이 여자 대통령보다 많았고, 현실적으로 여성 간호사의 비율이 더 높으니 확률적으로 옳은 결과가 아니냐고 말하는 사람도 있지요. 하지만 이렇게 되면 성 역할 고정관념이 퍼지고 편견이 재생산되기도 할 거예요. 이를 방지하고자 편향된 데이터가 사용되지 않도록 부족한 데이터를 더 수집하거나 기존의 데이터를 조금씩 변형해 데이터의 양을 조정하기도 합니다.

또 다른 사례로 채용 과정에서 AI 기술을 사용했던 시도를 살펴볼 수 있습니다. 실제로 미국에서는 고용주의 약 25%가 채용 과정에서 AI 기술을 사용하고 있다고 하는데요.[3] 아마존은 이력서를 평가하는 채용 알고리즘을 개발해 채용 과정에 적용했다가 2017년 사용을 중단했습니다.[4] 이력서에 여학교 이름이나 여성 전용 동아리가 등장한 경우, 그 이력서를 부정적으로 평가하는 문제가 발생했기 때문이에요. IT 기업에는 여성 지원자가 남성 지원자보다 적은 경향이 있는데요. 아마존 또한 지난 10년간 남성 지원자가 여성 지원자보다 많았고, 이러한 기존 지원자들의 이력서로 데이터를 구축했기에 생긴 문제였습니다.

또 미국에서는 백인 경찰이 유색인을 잠재적 범죄자로 간주하는 인종차별 문제를 해결하고자 AI 기술에 주목하기도 했습니다. 범죄 예측에 AI 기술을 적용하려는 시도였지요. 하지만 범죄자 목록의 인종 편향이 심각하다는 점이 드러나면서 이미 역사적으로 편향된 경찰의 데이터가 유색인종과 저소득층에 대한 차별을 강화한다는 비판을 받았어요.

경찰들은 유색인이 범죄를 많이 저지를 것이라는 편견 때문에 유색인종이 주로 거주하는 마을에서 검문검색을 상대적으로 더 많이 진행했고, 이러한 검문검색의 빈도 차이 때문에 백인이 주로 거주하는 지역에 비해 범죄자가 많이 검거되었어요. 만약 이러한 상황이 반영된 범죄 예측률을 기반으로 경찰 배치 인력을 결정한다면 어떻게 될까요? 범죄율이 높게 예측되는 유색인종 마을에 경찰을 많이 배치하게 되고, 또다시 유색인종 거주 지역의 검거율이 높아지는 차별의 악순환이 일어날 수 있습니다. 따라서 우리는 우리가 살아가는 사회의 뿌리 깊은 편견이나 역사적으로 이어진 소수자에 대한 혐오가 새로운 기술에 반영되어 또 다른 차별을 만들어 내지는 않는지 신중하게 살펴봐야 할 것입니다.

그렇다면 이렇듯 편견을 학습했을지도 모르는데도 과연 우리는 프로그램을 믿을 수 있을까요? 프로그램이 편견과 차별을 강화하지 않도록 우리가 할 수 있는 일이 있을까요? 명령어를 구성해 정보가 알고리즘을 통과하도록 프로그램을 만드는 과정이 기계적으로 보일지라도, 실제로는 거의 모든 단계에서 개발자의 가치관이 들어갑니다. 자료를 모으는 방법부터 정보를 추리는 과정, 구조화하고 분류하는 과정, 알고리즘을 선택하는 기준까지 단계마다 많은 고민이 필요하고, 개발자가 어떤 관점에서 어떤 선택을 하느냐에 따라 완전히 다른 프로그램이 만들어지기 마련이지요. 그리고 개발된 프로그램을 사용자가 어떻게 어디에 쓰느냐도 상당히 중요합니다.

2020년에 발표된 AI '이루다 1.0' 챗봇은 서비스 공개 약 20일 만에 서비스를 중단했습니다. 챗봇이 성 소수자와 유색인종에 대해 혐오 발언을 하는 경우가 발생했고, 동의 없이 수집한 개인 정보를 채팅 답변에 포함하는 문제도 있었어요. 챗봇 학습을 위한 데이터를 수집할 때 사용자 동의를 받지 않은 절차적·윤리적 문제도 있었지요. 심지어는 사용자들이 여성 화자로 설정된 챗봇을 성희롱하는 비윤리적인 사건까지 벌어졌습니다. 개발 과정에서 데이터를 어떻게 수집했는지, 학습에 사용한 데이터가 편향적이지 않았는지 등 프로그램을 신뢰할 수 있느냐의 문제에 이어, 사용자가 프로그램을 어디에 어떻게 활용할 것인지도 매우 중요하다는 사실이 드러난 것이지요.

2022년에 발표된 대화형 인공지능 서비스 '챗지피티'는 세계적 관심을 받으며 단 5일 만에 사용자 100만 명을 달성했습니

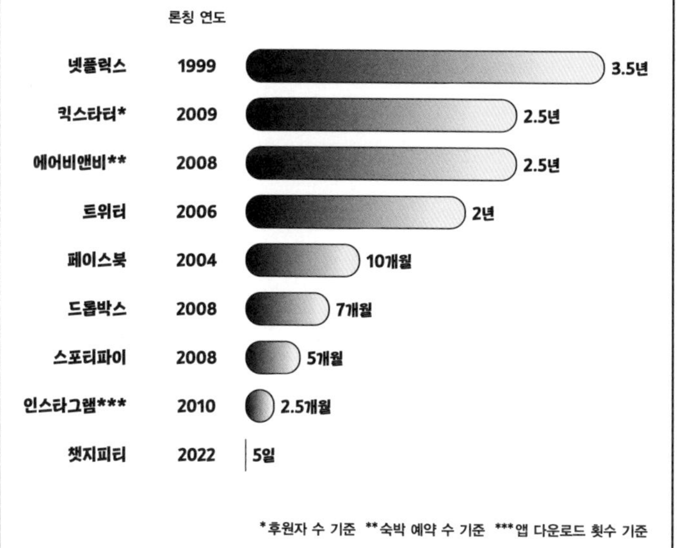

각 서비스가 사용자 100만 명을 달성하기까지 걸린 시간(자료: Statista[5])

다. 이는 역대 가장 빠른 속도의 서비스 확장이었어요. 챗지피티는 사람과 대화하듯 입력창에 문장을 입력하거나 말하면 적절한 답변이 나오는 일종의 기계와의 채팅 프로그램입니다. 분야가 한정되지 않고 답변이 빠르게 나오기 때문에 사람들이 인터넷 검색 대신 챗지피티를 사용할 것이라는 예측까지 나왔지요.

하지만 챗지피티가 항상 정답을 말하는 것은 아닙니다. 역사적 사실을 묻는 질문에 전혀 엉뚱한 대답을 내놓기도 하고, 우리가 쉽게 파악할 수 있는 객관적 정보에 대해 아예 틀린 답을 내놓기도 합니다. 그런데 챗지피티는 틀린 답을 아주 그럴듯하게 정답처럼 이야기합니다. 그래서 누군가는 이것을 정답이라고 믿어 버리기도 해요. 이러한 현상을 '환각'을 뜻하는 단어 '할루시네이션(hallucination)'으로 표현하기도 합니다.

따라서 우리는 챗지피티의 답변이 진실인지 아닌지 판단하는 과정을 다시 한번 거쳐야 합니다. 추후 기술이 더욱 발전하면 프로그램이 스스로 내놓은 답을 돌이켜 보고 검증하는 절차를 거치거나 사용자에게 결과에 대한 신뢰도를 제공하는 등의 기능이 생길 수도 있겠지만, 현재의 챗봇에게 정확한 정보를 요구하거나 윤리적 가치판단을 맡기기는 어려워 보입니다.

한편 챗지피티와 같은 인공지능 기술의 기반이 되는 초거대 언어 모델은 어마어마한 양의 전기를 소비합니다. 최근 스탠퍼드대학에서 발표한 보고서에 따르면, 챗지피티에서 사용하는 모델 중 하나인 '지피티3'는 훈련 과정에서 1,287MWh(메가와트)의 전기를 소비했습니다. 이로 인해 502t의 탄소가 배출된 것으로 추정되는데, 이는 세계인이 평균적으로 100년간 배출하는 양에 해당한다고 해요.[6] 인류를 비롯한 지구 생태계의 지속가능성을 위해 탄소 배출량을 줄이는 것이 아주 중요한 기후 위기 시대에, 인공지능 기술은 어떤 책임감과 가능성을 품어야 할까요?

또한 학습 데이터를 마련하는 과정이 윤리적인지도 살펴야 합니다. 《타임》지에 따르면, 챗지피티의 학습에 사용될 데이터를 정제하기 위해 아프리카 케냐의 노동자들이 저임금을 받으며 장시간 노동을 했습니다.[7] 이들은 유해한 텍스트를 선별하기 위해 성적 학대, 고문, 살인 등 정신적외상(트라우마)을 입을 수 있는 내용에 무방비로 노출되었습니다. 챗지피티가 성차별적, 폭력적 대화를 하지 않도록 하기 위함이었으나 그 과정은 무척이나 비윤리적이었어요.

다만 인공지능이 현재 그 어떤 기술보다도 빠르게 발전하고 있고, 사회에 많은 영향을 끼치고 있다는 점만은 분명합니다. 신기술을 동경하고 맹신하며 맹목적으로 사용하는 것도 주의해야 하지만, 그렇다고 신기술에 대한 어색함과 두려움 때문에 무조건 거부할 필요도 없습니다. 기술 발전의 물살이 빠르게 흘러가는 가운데서도 기술을 연구하는 사람들, 그리고 기술을 사용하는 우리들이 주체가 되어 변화를 이끌어 갈 수 있습니다. 사회와 기술의 상호작용을 풍부하게 이해하려는 노력을 기울이는 것이 무엇보다 중요하지요. 소중한 호기심을 바탕으로 기술의 원리를 이해하고, 기술과 함께 살아가는 것이 어떤 의미인지 고민하고, 기술과 우리는 어떤 영향을 주고받을 수 있을지 상상하는 과정을 다양하게 경험하길 바랍니다.

모두를 위한 프로그램

건물 입구에 계단 대신 놓인 경사로 또는 지하철역의 엘리베이터를 이용해 본 적이 있나요? 이는 장애인, 노인, 임산부 등 모든 사람의 접근성을 보장하기 위한 시설이지요. '접근성'이라는 말은 교통 측면에서 어떤 지역에 쉽게 접근할 수 있느냐를 따질 때 주로 쓰였지만, 최근에는 특정 서비스를 모든 사용자가 편리하게 이용할 수 있는지를 논할 때도 많이 사용되는 개념입니다.

프로그램을 바라볼 때도 접근성이 얼마나 좋은지 살펴볼 수 있습니다. 예를 들어 영상 속 대사와 그 밖의 소리를 텍스트로 안내해 주는 자막이 제공되는 동영상 플레이어, 화면 속 내용이나 키보드로 입력한 내용 또는 마우스의 좌표 등을 음성으로 낭독해 주는 스크린 리더 같은 프로그램은 청각적 또는 시각적 접근성을 높이는 프로그램이지요. 또 프로그램의 화면을 디자인할 때 저시력자도 요소들을 잘 구분할 수 있도록 명도와 채도를 적절히 조정해 눈에 잘 띄도록 하거나 버튼의 크기를 키우고 버튼과 버튼 사이의 간격을 넓게 해 조작이 편리하게 만들 수 있습니다.

나아가 프로그램을 사용하는 사람들도 서비스의 접근성을 함께 높여 갈 수 있습니다. '대체 텍스트'라는 것을 혹시 들어 봤나요? 대체 텍스트는 화면에 드러나는 정보는 아니지만 스크린 리더가 이미지를 읽을 때 사용하는 정보입니다. 프로그램을 개발할 때 기본적인 기능 버튼과 이미지에 대해서는 가능한 한 대체 텍스트를 입력해 접근성을 확보하는 것이 중요합니다. 하지만 블로그나 인스타그램처럼 사용자가 생성하는 데이터가 많은 경우에는 모든 이미지에 대한 대체 텍스트를 만들고 관리하기가 어렵습니다. 이때는 사용자가 사진을 업로드할 때 직접 사진을 설명하는 문구를 함께 입력할 수 있도록 대체 텍스트 입력 기능을 지원할 수 있습니다.

웹(World Wide Web)의 기본 정신인 개방·공유·참여를 가치 있게 여기며 활동하는 '새로운 질서 그 후' 팀은 최근 '대체 미술관(Alt Museum)'이라는 온라인 프로젝트를 진행했습니다.[8] 국내외 미술관에서 무료로 공개한 이미지들을 대체 텍스트로 선보이는

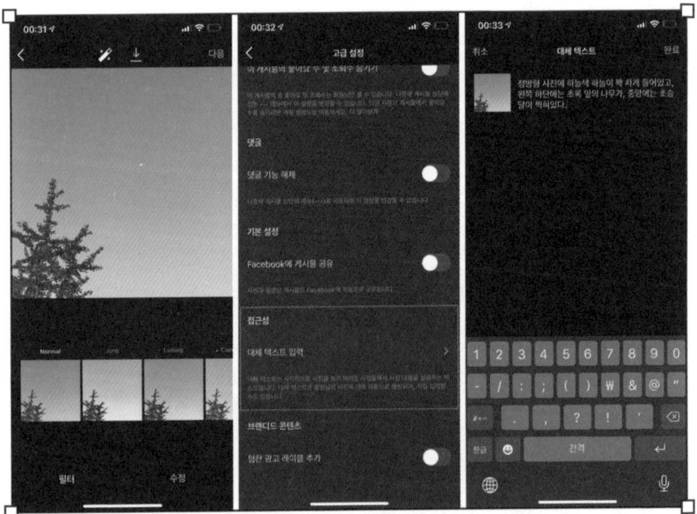

인스타그램 게시글을 작성할 때, 고급 설정에서 대체 텍스트를 입력할 수 있다. 사진을 여러 장 업로드할 경우 사진별로 작성이 가능하다.

프로젝트예요. 전시장에 입장하면 작품 대신 작품 속 대상의 크기, 모양, 색깔, 구성 등이 적힌 텍스트들을 마주하게 됩니다. 대체 텍스트를 통해 미술 작품을 감상할 수 있지요. 텍스트만으로 충분히 어떤 작품인지 떠올릴 수 있었는지, 그렇지 않았다면 무엇 때문인지 살피며 어떤 대체 텍스트가 좋은 대체 텍스트인지 생각해볼 수 있을 거예요.

접근성에 대한 논의 역시 하드웨어와 소프트웨어의 발전에 따라 확장해 왔습니다. 인터넷과 관련된 주요 표준을 개발하는

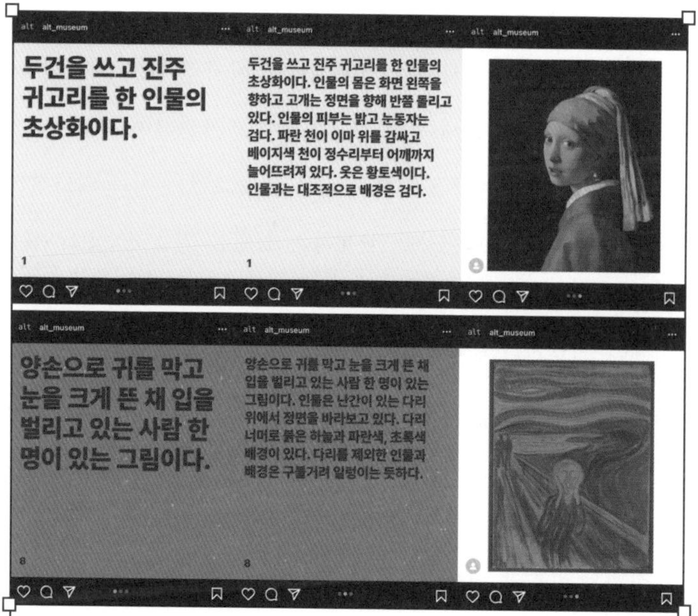

대체 미술관 인스타그램 계정(@alt_museum)에 전시된 대체 텍스트와 작품 이미지. 대체 텍스트의 내용에 따라 상상하는 이미지가 달라지는 것을 느낄 수 있다. 잘 작성된 대체 텍스트는 모호성을 줄이고 시각장애인이 보다 자세한 정보를 얻을 수 있게 한다.

기구인 W3C(World Wide Web Consortium)에서는 웹 콘텐츠 접근성 지침(Web Content Accessibility Guidelines, WCAG)이라는 국제 접근성 가이드라인을 꾸준히 발행하고 있습니다. WCAG는 모든 사용자가 프로그램을 인식하고, 조작하고, 이해하고, 사용할 수 있어야 한다는 원칙 아래 기술의 발전에 따라 개정되고 있는데요. 예를 들어 2018년에 발표된 2.1 버전에서는 모바일, 태블릿, 웨어러블

기기의 기기 회전에 대한 가이드라인이 추가되었습니다. 특정 방향으로 화면을 구성하는 것이 필수적이지 않다면 가로와 세로 방향을 모두 지원해야 한다는 내용이 포함된 것이지요.

접근성을 충분히 고려하지 않은 프로그램은 비록 의도하지 않았다 하더라도 사용자를 배제하는 상황을 만들 수 있습니다. 요즘 직원이 직접 주문을 받지 않는, 즉 비대면 주문이 가능한 기계인 키오스크를 설치한 매장이 많아지고 있는데요. 간혹 키오스크의 주문 프로그램이 접근성을 충분히 고려하지 않은 경우를 마주하게 됩니다. 버튼의 기능을 직관적으로 이해하기 어렵거나 원하는 메뉴를 선택하는 방법을 알기 어려운 상황이 발생하기도 하지요.

특히 노인이나 디지털 환경에 익숙하지 않은 사람은 키오스크로 주문하는 것 자체를 어려워하기도 합니다. 또는 키가 작거나 시력이 안 좋아 기계 사용 자체가 불편한 경우도 있어요. 실제로 키오스크가 가득한 햄버거 매장에서 프로그램을 동작하기 어려워 주위의 젊은이에게 방법을 묻거나 구매를 포기하고 매장을 나가는 노인의 이야기가 종종 들려 옵니다. 다양한 사용자가 편하게 사용할 수 있는 프로그램을 만드는 것은 사용자뿐 아니라 프로그램을 제공하는 입장에서도 서비스의 지속 가능성을 생각하면 중요할 텐데 말이지요.

접근성을 고려하지 않은 기술이 사용자를 배제할 때도 있지만, 앞서 살펴본 것처럼 기술을 통해 세상의 접근성을 높여 가는 사례도 많습니다. 혹시 '배리어 프리(barrier free)'라는 말을 들어 봤나요? '장벽 없는 건축설계(barrier free design)'에서 유래한 말로, 장애인이나 임산부 같은 사회적 약자들의 생활에 지장이 되는 물리적 또는 제도적 장애물을 없애려는 움직임을 말합니다. 시각장애인 사용자에게 이미지 정보를 음성으로 설명해 주는 서비스도 배리어 프리 기술에 해당합니다.

기술이 발전하여 사회에 널리 적용될수록 우리 삶도 그에 따라 변화합니다. 소프트웨어가 사람들이 살아가는 모습을 오늘날과 같이 변화시킨 것을 떠올려 보면 앞으로도 충분히 많은 영향을 끼치리라 상상할 수 있습니다. 그렇기 때문에 다양한 삶에 관심을 가지며 프로그램을 바라보고, 만들고, 사용한다면 더 많은 사람을 포용하는 세상에 더 가까워질 거예요. 작은 방에서 코드를 한 줄 한 줄 작성하는 개발자가 소수자를 배제하지 않고 다양성을 존중하려 노력하는 것이 중요한 이유입니다.

다양성과 포용성이 회사 차원에서도 중요하다고 판단한 구글, 인텔 등의 IT 기업에서는 내부 직원들의 다양성 또한 확보하려 노력을 기울이고 있습니다. 여성이나 유색인종을 대상으로 교육의 기회를 제공하거나 장학금을 지원하기도 하지요. 다양한 구성원이 함께 프로그램을 만들게 되면 다양한 관점과 고민, 더 좋은 의사 결정을 통해 더 멋진 프로그램을 만들 가능성이 높아지기 때문이지요. 구성원의 정체성이 좀 더 다양한 조직이었다면 비윤리적 발언을 하는 챗봇이나 피부색에 따라 정확도가 달라지는 얼굴 인식 프로그램이 세간에 공개되기 전에 개선될 기회가 있었을지도 모릅니다.

특히 빅데이터의 시대에 알고리즘의 사회적 영향력을 고려하는 일은 건강한 사회를 만드는 데 아주 중요한 역할을 합니다. 인터넷상의 데이터를 우리가 모두 파악하는 것은 사실상 불가능한 시대가 되었습니다. 일례로 '코딩이란'과 'what is coding'을 구글에 검색해 보면 검색 결과가 각각 약 400만 개, 약 14억 개가 나옵니다. 우리는 결코 이 모든 정보를 살펴보지 못합니다. 검색 결과에서 상위의 링크들을 살펴보고 기껏해야 화면 아래의 페이지를 몇 번 넘기는 데에 그치겠지요. 그렇다면, 검색 알고리즘이 어떤 데이터를 검색 결과의 첫 페이지에 보여 주느냐가 사용자에게 큰 영향을 끼치게 됩니다.

유튜브나 인터넷 뉴스 플랫폼에 적용되는 추천 알고리즘도 비슷한 맥락에서 바라볼 수 있습니다. 유튜브에는 1분마다 약 500시간 분량의 동영상이 업로드되고 있고 하루에 업로드되는 동영상을 모두 시청하려면 82년이라는 시간이 필요하다고 합니

다.[9] 심지어 지금 이 순간에도 업로드되는 동영상의 규모는 늘고 있다고 해요. 즉 우리가 접하는 동영상은 검색 결과로 나온 동영상 또는 추천 알고리즘에 의해 선별된 동영상이 대부분이라는 이야기입니다. 이렇게 알게 모르게 알고리즘이 우리에게 끼치는 영향이 커져가고 있어요.

사용자가 좋아할 가능성이 높은 상품의 광고를 보여 주거나 지금 시청 중인 영상과 관련된 다른 영상을 소개해 주는 것은 서비스 제공자와 사용자 모두에게 유용한 과정일 수 있습니다. 그래서 사용자의 취향을 반영해 사용자마다 추천 결과를 다르게 제공하는 개인화 추천이 이미 많은 곳에 적용되어 있어요.

그러나 사용자의 취향에 따라 추천 결과가 만들어지면, 그렇게 추천받은 콘텐츠를 접하는 과정이 사용자의 취향 분석에 영향을 끼쳐 추천 알고리즘에 다시 반영되기 때문에 사용자는 점점 더 편향된 취향을 만들어 갈 가능성이 있습니다. 이렇게 정보를 편식하며 제한된 주제만 접하게 되는 현상을 '필터 버블(filter bubble)'이라고 부릅니다.

사용자가 각자의 거품에 갇혀 세상을 살아가다 보면 자신의 의견과는 다른 다양한 견해를 마주하지 못해 점점 시야가 좁아지는 악순환에 빠질 위험이 생깁니다. 특히 정치적 관점에서 이러한 현상이 나타나면 사람들의 정치적 이념이 양극단으로 쏠리는 양극화 문제가 심화될 수 있습니다. 그래서 사회를 건강하게 만들려면 다양한 뉴스를 사용자에게 제공하거나 알고리즘의 투명성을 강화해야 한다는 등의 주장과 논의가 나오고 있어요.

개발자가 되어 프로그램을 만들고 싶다는 바람을 갖고 있다면, 코드의 동작을 이해하는 것에서 한발 더 나아가 사회와 알고리즘이 어떻게 관계를 맺고 있으며, 알고리즘이 사회에 어떤 영향을 끼치게 될지 꾸준히 관심을 갖는 것이 중요합니다. 그랬을 때 내가 만든 프로그램이 우리가 살아가는 세상을 더 나은 세상으로 변화시킬 수 있을 거예요. 조금 더 효율적인 계산기에서 시작한 컴퓨터 산업은 어느새 인공지능까지 만들기에 이르렀고, 이제 프로그램은 언제 어느 곳에서나 우리와 함께 살아가고 있습니다.

어떤 프로그램을 만들지, 프로그램을 어떻게 사용할지는 어떤 세상을 만들고 싶은지, 이 세상에서 어떻게 살아가고 싶은지를 고민하는 과정이기도 합니다. 누구와 어떤 세상에서 살아가고 싶은지 깊이 생각하고 또 마음껏 상상해 보세요. 그리고 여러분의 상상을 실현하고자 할 때 코딩이 필요하다면 주저하지 마세요. 코딩은 누구나 활용할 수 있는 도구라는 점, 또한 코드를 통해 세상을 바꾸는 일에 동참할 수 있다는 점을 꼭 기억하세요.

자, 이제 여러분의 차례입니다.

저는 코드의 세계에서 여러분을 기다리고 있을게요!

주

1 프로그램은 어떻게 우리 삶에 등장했을까?

1 클레어 L. 에반스,《세상을 연결한 여성들》, 조은영 옮김, 해나무, 2020, 44쪽.

2 "The Turing Test and Ada Lovelace, with Walter Isaacson", *Big Think*, 2014. 11. 28 ⟨https://bigthink.com/culture-religion/walter-isaacson-on-alan-turing/⟩.

4 프로그래밍의 발전

1 "Grace Hopper's compiler: Computing's hidden hero", *BBC News*, 2017. 2. 20 ⟨https://www.bbc.com/news/business-38677721⟩.

2 *A Manual of Operation for the Automatic Sequence Controlled Calculator*(1946) ⟨https://chsi.harvard.edu/harvard-ibm-mark-1-manual⟩.

3 "Grace Hopper, computing pioneer", *The Harvard Gazette*, 2014. 12. 3 ⟨https://news.harvard.edu/gazette/story/2014/12/grace-hopper-computing-pioneer/⟩.

4 클레어 L. 에반스,《세상을 연결한 여성들》, 조은영 옮김, 해나무, 2020, 71쪽.

5 "Nervous System: The Triumphs of a Lazy Programmer", *BRG*, 2020. 5. 5 ⟨https://www.thinkbrg.com/insights/publications/nervous-system-the-triumphs-of-a-lazy-programmer/⟩.

6 커트 W. 베이어,《그레이스 호퍼: 정보시대를 발명한 여인》, 이재범 옮김, 지식함지, 2017, 236~237쪽.

7 위의 책, 237쪽.

8 위의 책, 239쪽.

5 프로그래밍 언어와 글쓰기

1 〈지구 언어 2주에 하나씩 사라진다〉, 《한겨레》, 2007. 9. 19.

7 빅데이터 시대의 프로그래밍

1 서울시 디지털 시장실, '도시데이터 활용>올빼미 버스' 〈https://scpm.seoul.go.kr/realTimeCity/nbusInfoSubBigData〉.

2 〈"인터넷 사용이 환경오염 유발"〉, 《KBS뉴스》, 2019. 12. 9.

3 "A year of carbon-free energy at our data centers", Google Cloud Blog, 2021. 6. 30 〈https://cloud.google.com/blog/topics/sustainability/google-releases-carbon-free-energy-percentage-for-2020?hl=en〉.

4 해당 이미지는 다음 자료를 참조했다. 정용찬, 〈빅데이터 산업과 데이터 브로커〉, 정보통신정책연구원, 2015, 7쪽 (원 출처: Federal Trade Commission, "Data Brokers: A Call for Transparency and Accountability", 2014, p. 2).

9 코드로 세상 바라보기

1 〈같은 항암제인데 왜 여성에 부작용 더 많을까〉, 《한겨레》, 2019. 6. 8.

2 위의 기사.

3 〈"일주일 내 범죄 발생 예측 정확도 90%" AI 도입 득 될까?〉, 《한겨레》, 2022. 8. 8.

4 〈아마존, 'AI 채용 시스템' 폐기… 알고리즘이 남성 선호〉, 《머니투데이》, 2018. 10. 11.

5 〈https://www.statista.com/chart/29174/time-to-one-million-users/〉.

6 〈대화 한 번에 '생수 한 병씩'… 챗GPT의 불편한 진실〉, 《한겨레》, 2023. 5. 2.

7 "Exclusive: OpenAI Used Kenyan Workers on Less Than $2 Per Hour to Make ChatGPT Less Toxic", *TIME*, 2023. 1. 18.

8 대체 미술관 웹사이트 〈https://altmuseum.org〉.

9 《매거진 B: No.83 유튜브(YOUTUBE) 국문판》, JOH, 2020, 142쪽.

참고 문헌

클레어 L. 에반스,《세상을 연결한 여성들》, 조은영 옮김, 한국여성과총 기획, 해나무, 2020
커트 W. 베이어,《그레이스 호퍼: 정보시대를 발명한 여인》, 이재범 옮김, 지식함지, 2017

이미지 출처

23쪽 ⓒThe Board of Trustees of the Science Museum, London

26쪽 ⓒThe Board of Trustees of the Science Museum, London

49쪽 (우) 위키커먼스(ⓒDavid Fulmer)

93쪽 위키커먼스(ⓒRama)

94쪽 (아래) 위키커먼스(ⓒMarcin Wichary)

95쪽 위키커먼스(ⓒArnold Reinhold)

96쪽 (좌) 위키커먼스(ⓒMister rf) (우) 위키커먼스(ⓒBubba73)

99쪽 ⓒHarvard University (우) ⓒUnited States Navy

155쪽 플래티콘〈Flaticon.com〉

186쪽 ⓒGoogle〈https://www.google.com/about/datacenters/gallery/#eemshaven-wind-turbines〉

205쪽 저자의 친구들 제공

251쪽 ⓒ새로운 질서 그 후

- 크레디트 표시가 없는 이미지는 위키커먼스의 자유 이용 저작물(퍼블릭 도메인)입니다.
- 이 책에 쓰인 이미지 중 저작권자를 찾지 못하여 게재 동의를 얻지 못했거나 저작권 처리 과정 중 누락된 이미지에 대해서는 확인되는 대로 통상의 절차를 밟겠습니다.

코딩으로 세상을 바꿀 수 있다면

1판 1쇄 발행일 2023년 7월 3일

지은이 이래은

발행인 김학원
발행처 (주)휴머니스트출판그룹
출판등록 제313-2007-000007호(2007년 1월 5일)
주소 (03991) 서울시 마포구 동교로23길 76(연남동)
전화 02-335-4422 **팩스** 02-334-3427
저자·독자 서비스 humanist@humanistbooks.com
홈페이지 www.humanistbooks.com
유튜브 youtube.com/user/humanistma **포스트** post.naver.com/hmcv
페이스북 facebook.com/hmcv2001 **인스타그램** @humanist_insta

편집주간 황서현 **편집** 이여경 남미은 **디자인** 유주현 **일러스트** 졸리지스튜디오
용지 화인페이퍼 **인쇄·제본** 정민문화사

ISBN 979-11-7087-010-4 43500